西北工业大学精品学术著作培育项目资助出版

基于多源异构遥感数据的智能化道路提取研究

高利鹏　蔡文静　史文中
郑江滨　李晓静　　　著

U0156824

西北工业大学出版社

西　安

【内容简介】 基于多源异构遥感数据的智能化道路提取是当前计算机科学和遥感科学研究的热点。本书对基于多源异构遥感数据的道路提取全过程进行系统研究,从数据获取、预处理到模型构建,从基本理论到实用方法,最后对深度学习方法及其应用进行具体介绍。

本书不仅可以作为高等学校计算机、自动化、摄影测量与遥感、地理信息系统、信息科学等相关专业高年级本科生、研究生的教材,也可供使用多源异构遥感数据进行道路提取的科研工作者学习和参考。

图书在版编目(CIP)数据

基于多源异构遥感数据的智能化道路提取研究 / 高利鹏等著. — 西安 : 西北工业大学出版社,2023.9
ISBN 978 - 7 - 5612 - 8994 - 5

Ⅰ. ①基… Ⅱ. ①高… Ⅲ. ①遥感图像-图像处理-研究 Ⅳ. ①TP751

中国国家版本馆 CIP 数据核字(2023)第 201827 号

JIYU DUOYUAN YIGOU YAOGAN SHUJU DE ZHINENGHUA DAOLU TIQU YANJIU
基 于 多 源 异 构 遥 感 数 据 的 智 能 化 道 路 提 取 研 究
高利鹏　蔡文静　史文中　郑江滨　李晓静　著

责任编辑:朱晓娟		策划编辑:倪瑞娜
责任校对:高茸茸		装帧设计:董晓伟

出版发行:西北工业大学出版社
通信地址:西安市友谊西路 127 号　　　　邮编:710072
电　　话:(029)88491757,88493844
网　　址:www.nwpup.com
印 刷 者:西安五星印刷有限公司
开　　本:787 mm×1 092 mm　　　1/16
印　　张:8.625
字　　数:226 千字
版　　次:2023 年 9 月第 1 版　　　2023 年 9 月第 1 次印刷
书　　号:ISBN 978 - 7 - 5612 - 8994 - 5
定　　价:49.00 元

如有印装问题请与出版社联系调换

前　　言

　　道路网络是交通基础设施的重要组成部分,同时也是地理国情的重要基础数据。完整、及时、准确的道路网络在社会经济活动中发挥着重要的作用。准确、可靠、快速的道路提取算法对于城市道路网信息更新、突发事件应急、交通基础设施现状评估等具有重要的应用价值和社会意义。

　　本书由浅入深、简明扼要,遵循从基础理论到发展前沿的原则。本书分为 3 个部分。第 1 部分(第 1 章～第 2 章)强调基本原理,讲述与多源异构遥感数据相关的各种知识,包括道路提取的目的和原则、多源异构遥感数据类型、道路提取的基本过程、道路提取结果的定量评价方法,以及特征增强方法等。这部分内容是本书的基础知识。第 2 部分(第 3 章～第 6 章)注重方法介绍,具体讲述业界常用的基于多源异构遥感数据的道路提取方法,包括基于光谱特征增强的道路提取方法、多尺度空-谱特征联合的道路提取方法、集成浮动车轨迹和高分影像的道路提取方法、集成机载 LiDAR(Light Detection and Ranging,光探距和测距)数据和高分影像的三维道路提取方法。第 3 部分(第 7 章)着眼应用提高,具体讲述深度学习在多源异构遥感数据道路提取中的应用,主要包括一些常用的深度学习框架的介绍和使用,大规模道路数据集的获取和训练样本库的构建,以及基于卷积神经网络的道路提取模型的构建等。

　　本书具体编写分工如下:第 1 章和第 2 章由高利鹏编写,第 3 章和第 4 章由蔡文静编写,第 5 章由史文中编写,第 6 章由郑江滨编写,第 7 章由李晓静编写。

　　本书附有大量的项目实例,全部采用 MATLAB 和 C＋＋编程,代码均已调试通过。相关源程序代码可以与笔者联系获取,邮箱:gaolipeng@nwpu. edu. cn。

　　本书由西北工业大学精品学术著作培育项目(项目编号为 22JPZZ41)和广东省基础与应用基础研究基金(Guangdong Basic and Applied Basic Research Foundation)(项目编号为 2020A1515111158)资助出版。

　　在编写本书的过程中,曾参阅了相关文献资料,在此谨向其作者一并表示感谢。

　　由于水平有限,本书难免存在不足之处,敬请广大读者批评指正。

著　者
2023 年 3 月

目　　录

第1章 绪 论

1.1 研究背景与意义

道路网络是交通基础设施的重要组成部分,也是地理国情的关键基础数据。道路网络的及时、准确更新既可以满足人们在日常出行、物流配送等方面的需求,同时也对国土空间规划、城市综合治理、区域决策等具有支撑作用(李德仁,2008)。

由于航空航天技术的快速发展,遥感技术现在正逐渐进入一个以数据模型驱动、大数据智能分析为特征的遥感大数据时代(张兵,2018)。基于天空地一体化的多传感器、多层次、综合、立体遥感观测技术能够快速、准确地获取大量地面观测数据,其数据获取方式表现为多视角成像、多模态协同、多时相融合、多尺度联动等特征,数据处理方式表现为多特征耦合、多控制约束、多架构处理、多学科交叉等趋势(张永军 等,2021)。因此,从多源异构遥感数据中提取道路成为当前的研究热点。

传统的测绘数据生产主要利用人工解译的方法从卫星影像或航空影像中提取道路。由于人类具备大量的道路先验信息且对图像噪声不敏感,可以克服建筑物阴影、植被等不利因素的影响,因此,在人力及时间资源充裕的情况下,利用人工目视解译的方法提取道路是可行的,但对于大面积区域的道路提取任务或者突发情况下要求快速提取道路网时,人工提取的速度不能完全满足需求。借助智能化方法对道路网的自动或半自动提取,可以减少内业工作量,提高工作效率。然而,在实际应用中,由于道路的复杂性,如异构数据噪声、道路材料差异(水泥、柏油等)、影像获取角度、植被覆盖等,现有的基于多源数据的道路提取算法尚未完全解决道路提取效率低和不完整的问题。因此,从多源异构遥感数据中提取道路是一项研究难点,亟需进一步研究。

随着新能源技术和自动驾驶技术的进一步发展,国内外的一些科技公司,如谷歌、特斯拉和百度等,相继提出了自己的自动驾驶方案,并综合使用了同步定位与地图构建、多源数据融合、目标识别及轨迹预测技术(王京傲,2020)。高精地图(High Definition Map,HDM)是 L3 级以上自动驾驶[①]汽车智能导航的支撑,具有高精度定位、辅助环境感知、规划与决策等功能。当前,基于专业移动测量设备的 HDM 数据采集主要面向高速公路等封闭

---

① 《汽车驾驶自动化分级》(GB/T 40429—2021)规定,自动驾驶分为 L0 级(应急辅助)、L1 级(部分驾驶辅助)、L2 级(组合驾驶辅助)、L3 级(有条件自动驾驶)、L4 级(高度自动驾驶)、L5 级(完全自动驾驶)共 6 个等级。

道路,针对城市开放区域的 HDM 数据采集存在效率低、成本高和周期长等显著问题,难以满足 L3 级以上自动驾驶汽车智能导航 HDM 数据快速更新的需求。因此,研究城市开放区域的精细化道路提取方法,对构建泛在、先进的交通基础设施有重要的现实意义(贺文,2017;阳钧 等,2018;甄文媛,2016)。

本书以多源异构遥感数据中的道路为研究对象,在充分考虑多源异构遥感数据中道路的几何、光谱、空间、纹理等特征的基础上,从道路特征增强的角度引入多源信息进行多模异构道路特征的联合表示,实现多模态特征耦合,针对高分影像中由于道路阴影遮挡和道路材料变化导致的道路提取失败的问题,提出多特征加权融合模型和颜色空间变换的方法来降低道路光谱异质性问题,针对高精地图中的三维道路模型的构建,提出结合多源遥感数据的三维道路提取方法与质量评价因子,在此基础上探讨基于多源数据驱动的深度学习方法在遥感道路提取中的发展和应用。本书的研究成果既可丰富基于多源异构遥感数据道路提取的理论和方法,也可为高精地图中三维道路模型的构建和质量检查提供新的解决方案,因此,本书具有重要的理论意义与实用价值。

1.2　多源异构遥感数据介绍

随着遥感对地观测技术与计算机技术的飞速发展,多光谱、多传感器、多分辨率的遥感数据共享平台已在世界许多地区建立起来,每天都可以获取海量的遥感数据,使其体量呈现爆发式增长。与此同时,这也造成了遥感数据的多源性与异构性,导致数据处理和应用的难度大大增加。

1.2.1　概念和内涵

遥感科学与技术的发展催生了光学、热红外和微波等不同卫星传感器对地观测技术的应用,同一地区获取的多源(多时相、多光谱、多传感器、多平台和多分辨率)异构遥感数据也越来越多。其中,多源主要指数据来源多样化,如光学影像数据、激光雷达数据、微波雷达数据、手机指令数据、全球定位系统(Global Positioning System,GPS)轨迹数据等。异构主要指数据结构上的差异性,如栅格数据和矢量数据等(余辉 等,2020)。从数据结构的角度可以把多源异构数据分为结构化数据、半结构化数据和非结构化数据三大类。

(1)结构化数据:以栅格影像数据为代表,如多光谱遥感图像、合成孔径雷达图像、高光谱遥感图像等。

(2)半结构化数据:非关系模型的、有基本固定结构模式的数据,如激光点云数据、GPS 轨迹数据等。

(3)非结构化数据:以视频、语音和文本为代表,后续大多需要经过分析处理变成结构化数据才能被使用。

多源异构数据与多模态数据类似,但包含更多的数据类型。在信息领域,模态可以理解为数据格式,比如文本、音频、图像、视频等格式。多种单模态信息共生或共存的状态统称为多模态。例如,作为多媒体的视频,可以分解为动态图像、动态语音、动态文本等多种单模态模式,互联网上的图像通常与相应的解释性文本同时出现。从多模态的定义可以看出,多模态数据是异构的,但都属于非结构化数据。而多源异构数据包含结构化、半结构化和非结构化数据,涵盖了多模态数据类型。

几种典型的多源异构遥感数据的对比见表 1-1。

表 1-1　典型多源异构遥感数据对比

类　型	数据名称	数据来源	优、缺点
结构化数据	多光谱遥感影像	卫星	道路信息提取精度较高,更新周期较长,成本较高;对于一些特殊位置,如被立交桥遮挡或其他物体遮挡的道路,提取效果不佳
	高光谱遥感影像	卫星	高光谱成像会产生一幅图像,其中每个像素都具有完整的光谱信息,并在连续光谱范围内形成窄波段图像,可以精确区分不同道路的光谱特征,但空间分辨率相对较低
	航空影像	飞机	道路信息提取精度较高,更新周期短,成本较低;对于一些特殊位置,如被立交桥遮挡或其他物体遮挡的道路,提取效果不佳
	合成孔径雷达影像	卫星或飞机	几乎不受云雾因素的影响,但由几何因素引起的叠掩、固有噪声及阴影效应影响道路提取的精度
半结构化数据	浮动车轨迹数据	浮动车	数据获取成本低,覆盖面广,现势性强,是当前道路信息提取的热门研究方向;对于包含隧道的道路和道路被高架桥覆盖或周围高层建筑较多的区域,会影响 GPS 采集数据的质量,导致获取的位置信息数据不准确,从而影响对道路信息的提取结果
	激光雷达数据	飞机	能够快速获取道路信息且受环境影响因素少,但涉及的算法较多,许多阈值的设置需要依靠人的先验知识,还需减少人工干预,提高自动化水平
非结构化数据	交通视频	摄像头	能提取精细的车道信息,但遮挡严重区域的车道线不能被分割出来,提取的车道线存在断线现象

1.2.2　多源异构数据融合

多源数据融合起源于第二次世界大战后期的军事应用,并从 20 世纪 70 年代开始在现代军事、民生、工业、交通、金融等领域得到了广泛的应用。其处理对象是从各种来源的测量信息中获得的多传感器数据,由于该数据是结构化的标量数据,因此,该技术也被称为多传感器信息融合技术。传统的多源数据融合主要针对传感器数据等结构化数据的融合(Tan et al.,2021)。不同类型的数据由不同的数据特征表示,例如,文本数据通常由离散的文字矢量特征表示,而图像则由图像的像素特征表示,包括全局和局部特征。数据的异构性导致表示数据的特征矢量之间的差异,造成了多源异构数据关联、交叉和集成的鸿沟。

不同来源的遥感数据可以提供道路对象的不同方面,因此,基于多源异构遥感数据的道路提取可以弥补单一数据源数据不完整的缺点,使道路目标信息更加充分。通过消除异构数据之间的差距,融合各种数据源进行道路目标的识别,可以进一步涌现出更多有价值的新信息,从而达到"1+1>2"的效果。多源异构数据融合方法一般可以分为以下三类:

(1)基于阶段的数据融合方法。基于阶段的数据融合方法是指在分阶段的数据挖掘分析过程中,不同阶段使用不同的数据来达到该阶段的分析目的,从而在整个数据挖掘分析中融合多源异构数据。这样的融合方式使得不同数据源之间的联系并不紧密,对各个阶段所使用的数据的结构和模态也没有统一的要求。2013 年,Pan 等人首先利用 GPS 轨迹数据和路网数据检测交通异常,识别与交通异常位置相关的社交媒体信息,然后基于检索到的相关媒体信息分析交通异常的具体事件内容。在此过程中,多源异构数据既用于检测流量异常,也用于分析特定流量异常的内容,而无须交叉。Wang 等人(2017)针对物联网中多源异构感知信息处理问题,提出了一种多级多源异构数据融合方法。应用基于无线信号、视频和深度感知数据的目标定位跟踪、多源异构数据处理、特征表示和数据融合方法,通过挖掘无线信号、视频和深度等源异构数据的内在相关性,实现对多源异构数据有价值信息的有效利用。从整体上看,基于阶段的数据融合方法的初衷是使用多源异构数据完成一个目标。然而,在每个阶段,异构数据之间没有直接相互作用,失去了异构数据之间互补的优势。基于阶段的数据融合方法无法跨越异构数据之间的语义鸿沟,无法实现真正的内在数据融合。

(2)基于特征的数据融合方法。基于特征的数据融合方法是多源异构数据融合的另一种方法。在特征层融合过程中,数据融合在数据处理的中间层进行。首先,提取每个异构数据的特征,然后,对数据进行分析和处理,形成多源异构数据的联合特征矩阵或矢量。从基于特征的数据融合方法中提取的特征质量和非均质特征的融合方法对该方法的效果具有决定性的影响。原来的基于特征的数据融合方法比较粗糙,直接将多源异构信息的特征连接起来,形成新的特征矢量,然后用于聚类或分类分析。这种特征融合方法忽略了多源异构信息特征之间的冗余,相关性和效果并不理想。深度学习的出现,完善了多源异构数据的特征,在特征融合效果方面取得了很大进展,使得多源异构数据融合的研究向前迈出了一大步(Liu et al.,2021)。

(3)基于语义的数据融合方法。基于语义的数据融合方法分为 4 类(Zheng,2015):①基于多视图的方法,对不同的数据集使用不同的视角,不同的特征将适用于不同的模型,从不同的角度描述物体,这些结果在后期会融合在一起或者起相互加强的作用;②基于相似性的方法,根据不同的物体之间潜在的关联,融合不同的数据集,这里不同的数据集以相同的维度被不同的矩阵约束,通过分解这些矩阵可以得到比分解一个矩阵更好的结果;③基于概率依赖的方法,使用一个图表表示相互依赖的数据集;④基于迁移学习的方法,把数据从数据源迁移到目标域,解决了目标域数据稀少问题。迁移学习甚至可以用于不同学习任务间的迁移,如图书推荐、旅行线路推荐等。

1.3 国内外研究现状

基于遥感数据的道路提取已有多年的历史,国内外学者进行了深入的研究。道路提取的一般流程(见图1-1)包括低层处理、中层处理和高层处理3个阶段。低层处理一般使用图像处理算法进行特征提取或使用影像分割的方法确定候选道路样本点;中层处理通过机器学习的方法进一步明确道路候选区域,然后利用跟踪、扩张的方法形成连续的道路段;高层处理一般利用专家知识或人工智能等方法对道路进行连接与处理,进而得到最终的道路提取结果。根据遥感数据源(例如遥感平台或分辨率)的不同,需要在不同的处理阶段开发相应的算法,其中基于高层处理的道路提取算法研究是目前的热点(Wang et al.,2016)。

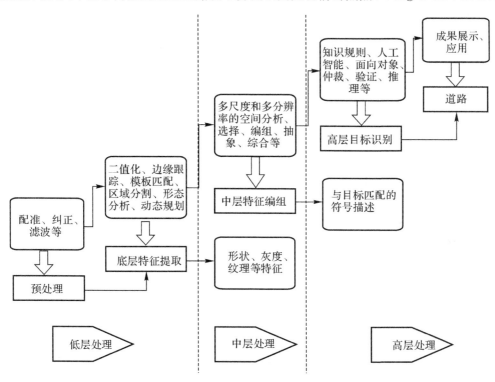

图 1-1 道路提取的一般流程

随着硬件水平的提高,遥感数据的种类越来越多,空间分辨率和光谱分辨率越来越高,所蕴含的信息量也越来越丰富,道路提取方法也越来越受到挑战。Poullis 等人(2010)从方法论的角度将道路提取算法分为以下3类:①基于像素的道路提取方法;②基于区域的道路提取方法;③基于知识的道路提取方法。另外,道路提取方法按照方法的自动化程度不同又可以分为自动化方法和半自动化方法两类。自动化方法一般基于道路模型,需要很少的先验信息,利用图像处理算法,如主动轮廓模型、数学形态学、概率图模型、动态规划、神经网络和面向对象的方法等进行道路特征的定义和道路区域的提取。半自动化方法一般从以下两种技术思路出发:一是将道路提取看作二值图像分割问题。这类方法很容易受遥感影像中植被或阴影的影响。另外,由于遥感影像"异物同谱"的因素,其他人工地物很容易被误判为道路。二是将道路提取作为最短路径问题,通过连接道路种子点获得道路网。这类方法考虑到了道路的局部特征(如延展性、曲率特征和拓扑结构等),通过人机交互的方式获得可靠的初始道路先验信息,提取结果的准确性相对较高。然而,在存在遮挡的情况下道路提取的效果仍然较差。一般而言,自动化方法从背景复杂(如图像噪声和阴影遮挡)的图像中提取道路特征的能力比较差。与自动化方法相比,半自动化方法需要用户提供道路感兴趣区域或其他先验信息,因而能获得比较准确和鲁棒的结果。

在现有文献综述的基础上,将基于多源遥感数据的道路提取方法进一步分为以下几类:①基于种子点的方法;②基于模板匹配的方法;③基于机器学习的方法;④基于区域分割和知识规则的方法;⑤基于多源数据融合的方法;⑥三维道路提取方法。其中需要注意的是,一些方法在实现原理上存在一些交叉(例如基于机器学习的方法和基于区域分割和知识规则的方法)。对这些方法的概述将在后文中进行。

1.3.1 基于种子点的方法

基于种子点的方法一般需要用户输入初始的种子点,用以描述道路的先验信息,然后利用道路的光谱或空间特征提取道路网络。通过分析道路在遥感影像上的光谱特性,Hu 等人(2004)提出了一个分段抛物线模型来描述道路中心线网络。该方法首先利用种子点生成分段的抛物线,然后利用最小二乘模板匹配的方法计算要提取的精确抛物线的参数。为了减少种子点的数量,Miao 等人(2014)提出了结合核密度估计与测地学的半自动道路提取方法,该方法能够利用较少的种子点对 U 形道路进行快速提取。Lü 等人(2017)提出了一种基于多特征稀疏模型的半自动道路提取方法。该模型利用遥感影像中多种道路特征的互补特性,使用高斯过程回归的方法对不同特征的权重进行更新,从而实现高分辨率影像的道路中心线提取。该方法建立在所提出的 3 种道路特征的基础上,在道路特征不明显或被遮挡的情况下,该模型可能无法正确地追踪道路。在这种情况下,有效的解决方案是结合更多新特征,例如形态特征和区域特征等。为了提高道路种子点的连接效率,Gao 等人(2018)提出将道路种子点连接作为最短路径问题处理,首先将边缘能量和边缘曲率特征与道路的光谱特征和道路中心线概率结合,建立一个加权融合模型,然后生成道路概率估计图,最后利用快速行进算法进行道路种子点的追踪。由于该方法使用了边缘特征作为约束,因此可以减轻阴影等因素对道路中心线提取的影响,提高了道路提取的精度,但是该方法针对道路特征不明显的区域提取效果有待提高。

针对一个特定的像素,可以定义道路轨迹点和基于角度的纹理特征来估计每个像素属于道路的概率(Hu et al.,2007)。2003 年,Bicego 等人提出了使用粒子滤波的方法基于种子点对道路进行追踪,但是粒子滤波的缺点是不能处理道路的分支,为了克服这一局限,Movaghati 等人(2010)结合粒子滤波和扩展的卡尔曼滤波来处理复杂的道路追踪问题。前面提到的道路提取方法都是基于单幅影像的,作为扩展,Dal 等人于 2012 年提出了一个半自动的从立体遥感影像中提取城市郊区道路的方法。该方法利用种子点构建出对象空间的道路模型,然后利用动态规划的方法进行优化。该方法的优势是可以更精确地确定道路的空间位置,但是该方法的提取结果相对于使用单一视场影像和数字地面模型的方法不够稳定。

综上所述,基于种子点的道路提取方法充分考虑了道路的局部特征(如可扩展性、边缘特征和道路网的拓扑结构等),通过人机交互获得了可靠的初始道路种子点。因此,道路提取结果的准确性相对较高。然而,由于连接道路种子点的方法不同,在遮蔽或遮挡情况下的道路提取效果较差。此外,U 形或 S 形道路所需的种子点数量多于线性道路所需的种子点数量,因此需要大量的手工作业,道路提取的总体效率并不高。

1.3.2　基于模板匹配的方法

基于模板匹配的方法依赖用户初始定义的道路轮廓来构建主动轮廓模型进行道路提取。1997 年,Gruen 等人进行了主动轮廓模型在道路提取中的应用。研究表明,在不同类型的道路提取任务中,仅用一个主动轮廓模型会有很多限制,例如针对不连续道路网和不闭合道路区域会检测失败。为了克服这一缺陷,Rochery 等人于 2005 年设计了一个更高阶的主动轮廓模型用来解决由于阴影和树木导致的道路不连续的问题。类似地,Marikhu 等人于 2007 年提出了一组二次 snake 模型用于道路提取。该方法结合了方向滤波、阈值法、Canny 边缘检测及梯度向量流能量等的优势,因此比单独一个 snake 模型的效果好。Li 等人(2014)开展了主动轮廓模型的参数调整和计算量问题的研究,使用高斯核替换传统正则化项,有利于减少参数数量和增大时间步长,改善了结果的平滑性,提高了计算效率。为了提高提取精度,主动轮廓模型也可以与其他方法相结合,例如图割法、多分辨率分析法及网络 snake 模型等。Nakaguro 等人(2011)对比了不同的主动轮廓模型,分析了不同模型的优、缺点。

基于模板匹配的方法可以有效地消除其他伪道路信息对提取的影响,从而提高道路提取的精确度。2001 年,胡翔云利用最小二乘模板匹配方法,进行了道路提取。该方法先给定特征点初始值,然后用最小二乘法估计模板与图像之间的几何变形参数,从而确定图像上曲线的具体参数,然后得到道路的数学表述。该方法的优点是可以获得较高的精度,但是模型的求解计算量比较大。2002 年,史文中等人提出了一种直线段匹配方法,可进行高分影像的城市道路提取。该方法可以消除影像中非道路信息对提取结果的影响,从而将道路段连接起来。2003 年,Hinz 等人使用复杂的道路模型构建了一个道路网络。该模型使用了关于道路及其上下文的详细知识(如附近的建筑物和车辆等信息),能够准确地提取道路,但是该方法对复杂背景下道路节点的提取效果不够理想。朱长青等人(2008)提出了一种整体矩形匹配方法,能消除树木、汽车等对道路提取的影响,便于计算道路面积,对提取直线道路比较有效,但是不能提取弯曲道路以及交叉道路。

综上所述,虽然基于主动轮廓或模板匹配的方法提高了道路提取的效率和准确性,但它们涉及大量的图形或曲线演化操作,而这些操作容易受到遥感影像中的噪声和阴影等非道路信息的干扰,因此,容易出现道路提取结果不理想的情况。另外,由于这些方法需要人工干预,因此需要耗费大量的人力成本。

1.3.3 基于机器学习的方法

随着机器学习的兴起,许多学者自然地将这种计算机科学领域的强大工具应用到基于遥感影像的道路提取中。支持向量机是一个强大的机器学习工具,在道路等目标提取中已经被广泛使用(Inglada,2007;Shi et al.,2014)。同时,人工神经网络也被应用于从遥感影像中提取道路,主要用于评估神经网络的不同结构以及不同的测量单位和描述符(Mokhtarzade et al.,2007)。Das 等人(2011)设计了一个多级框架来进行道路提取,将道路的提取拆分为两个过程,每个过程再细分为若干步,每一步剔除一部分非道路信息并提高一点精度。该方法很好地解决了影像中的非道路信息的识别问题,可以剔除宽度大于阈值的非道路段。其缺点是:①不能很好地区分城市停车场和道路;②对不规则道路(如中间有隔离带的道路或较窄的道路等)的提取效果较差;③提取效率不高。2013 年,Chai 等人提出了一种道路连接点处理算法用于构建道路拓扑网络。类似地,2013 年,Wegner 等人将一个高阶条件随机场模型用于道路提取中,取得了不错的效果。然而,以上这些方法都需要一些人工经验设定关键参数和阈值,难以适合不同类型的遥感数据。为此,Li 等人(2018)提出了一种基于高斯混合模型和基于对象特征的无监督道路检测方法。该方法包含超像素分割、特征描述、同质区域合并、高斯混合模型聚类及异常值滤波等 5 个阶段。使用该方法可以获得较好的道路提取结果,但是该方法所使用的基于图论的图斑合并过程比较耗时,提取效率不高。

近年来,随着深度学习方法的发展,卷积神经网络(Convolutional Neural Network,CNN)被应用于遥感影像的道路分割中(Gao et al.,2018;Mnih et al.,2014)。为了从分割结果中更加准确地提取道路,Cheng 等人(2017)采用二值阈值化和形态细化技术,生成单像素宽度的道路中心线,然后,通过跟踪这些中心线可以得到一个图形。2017 年,Máttyus 等人提出了一种类似的方法,称为 Deep Road Mapper,但是添加了后处理阶段,通过对缺失连接的启发式推理和应用来完成道路提取。该方法在道路分割误差较小的情况下,取得了良好的效果。然而,当分割中存在不确定性时,启发式方法并不能很好地执行,这可能是由于遮挡、模糊拓扑或复杂拓扑(如并行道路和多层道路)造成的。Xia 等人(2018)使用深度卷积神经网络对"高分二号"影像进行分割,然后使用后处理算法得到道路提取结果。该方法虽然取得了比较好的提取结果,但是仅使用了"高分二号"数据,并没有在其他数据上进行实验,因此该方法的有效性需要进一步验证。2018 年,Bastani 等人提出了一种基于 CNN 的迭代的图生成算法,得到了比传统 CNN 更好的结果,克服了后处理对路网精度的影响,但是提取结果存在一些遗漏,例如一些立交桥没有被完整地提取出来。深度学习的方法能够比较高效、准确地提取道路信息,但是对道路样本数量和质量要求较高且需要大量的训练和学习,因此整体效率不高,同时,现有的深度卷积神经网络方法受限于固定尺寸的卷积核,对影像中不同尺度的道路提取效果差异较大(Zhou et al.,2020)。以一些经典的骨干卷积网络为例,VGG 网络通过扫描图像中的每个像素来实现细粒度的道路分割,并且具有极强的识别狭窄道路的能力,但在处理高分影像中的复杂背景时经常失败(Wei et al.,2020)。相反,全卷积网络(Fully Convolutional Network,FCN)使用降采样以获得小尺度的图像特征,然后对这些特征进行升采样以进行道路分割。降采样-升采样操作可以有效避免复杂背景的干扰,但也会丢失狭窄道路的细节(Cheng et al. , 2017)。与 FCN 网络和 VGG 网络相比,U-Net 网络是一种中等粒度的方法,通过在升采样过程中添加额外的图像细节,U-Net 网络的性能在处理复杂背景和多尺度道路之间达到了平衡(Yang et al. , 2019)。虽然一些卷积神经网络模型利用了多尺度图像信息,但是在不同尺度下卷积核的感受野是固定的,使得其无法提取更精细的道路信息。

综上所述,基于机器学习的方法虽然能够比较高效地提取道路,但是由于需要大量的训练和学习,因此前期准备工作比较耗时。此外,由于机器学习算法只对图像中的单个像素是否为道路进行了处理,因此产生需要后续处理的问题,即决定哪些像素构成道路中心线,以及这些中心线应该连接到哪里。这导致基于机器学习的方法生成的道路往往存在断连的问题,进而造成道路提取结果的不完整。

1.3.4 基于区域分割和知识规则的方法

面向对象分析的前提是影像分割,影像分割的质量将直接影响到后续地表覆盖分类和地物提取等任务的准确性。2008 年,Hang 等人提出了一种基于同质图分割和数学形态学的高分辨率影像道路信息提取的方法。该方法首先利用同质图分割对图像进行分类,粗略识别出道路区域,然后利用数学形态学开和闭运算填充图像中的空洞和过滤掉细小的道路分支,最后对提取出的道路面进行细化、修剪,并用道格拉斯-普客算法进行道路简化。为了充分利用影像特征,沈占锋等人(2009)提出了一种基于影像特征基元分割并结合面向对象方法提取不同尺度下高分影像道路信息的方法。2009 年,Grote 等人提出了一种基于区域分割的道路提取方法,其优点是利用影像分割可以将大部分的非道路信息进行区分,然后可以集中注意力对道路信息进行处理,缺点是道路子图连接边的权重不好确定。针对道路的延展性特征,周绍光等人(2010)提出了一种基于马尔科夫随机场(Markov Random Field,MRF)模型的影像分割来提取道路特征的方法。该方法先找到影像上一点处的纹理和灰度一致性最优方向,并以此方向上的纹理描述值构成用于影像分割的特征矢量,将 MRF 模型应用于特征空间分割出道路目标,然后用改进的直线段匹配方法和数学形态学处理来提取道路中心线,并连接成道路网。

在影像分割的基础上,还可以考虑高分影像的纹理特征和区域形状特征进行影像的分类和目标特征的提取。胡海旭等人(2008)提出了一种基于纹理特征与形状指数的高分辨率影像城市道路提取方法。该方法充分利用高分影像丰富的空间纹理信息,将纹理信息加入原始波段参与分类,很好地解决了建筑物与道路的混淆问题。同时,结合道路知识和道路特征,利用数学形态学的相关算法和形状指数,可以很好地去除道路提取过程中产生的各种噪声。张雷雨等人(2010)提出了一种基于均值漂移和利用面积统计去除和合并小区域的道路提取算法。该方法的基本思路是:由于均值漂移、边缘算子等对噪声非常敏感,因此,首先采用中值滤波对图像进行平滑降噪处理;然后采用均值漂移法对图像进行分割,由于这种分割方法会产生过分割现象,所以采用统计面积大小去除与合并小区域来改进;再从分割后的图像中提取道路,生成道路二值图像,利用数学形态学膨胀和腐蚀的方法消除错误的道路,接着采用轮廓跟踪的方法得到道路边缘；最后把生成的道路边缘图像与原始图像进行叠加，可以看出提取出的道路与原始图像基本吻合。

另外，国内外许多专家学者也提出了基于知识规则的方法（吕建国，2008；朱晓铃　等，2009），利用遥感影像的光谱特征、几何特征以及空间拓扑关系建立包含道路判识规则的知识库，然后利用其中的判别规则来提取道路信息。遥感图像处理软件 eCognition 和 Feature analyst 都不同程度采用了面向对象的思想。与传统的基于单像元的处理方法不同，面向对象的方法同时利用对象的光谱、纹理、形状特征以及对象和邻近对象、父对象和子对象间的关联，这些信息被纳入知识库。该方法利用知识和规则，基于模糊推理、语义网络等智能方法融合多特征，产生推理结果。唐伟等人（2008）提出了面向对象的道路提取方法，将高分影像分割成若干同质的图斑，不同的图斑虽然具有不同的长度，但具有相似的宽度、光谱和纹理，根据这些图斑的光谱、纹理、形状特征和空间位置构建道路特征知识库，通过规则连接各个图斑，实现道路的提取。面向对象的方法引入了道路的几何和空间特征，可以有效利用背景特征，有助于建立可靠、智能的自动道路提取系统。其优点是能够将噪声区域和其他像元合并成特定的影像对象，可以利用除了传统的光谱信息以外的多种特征，缺点是提取效果受影像对象分割质量的影响。为了充分利用道路的几何方向信息，Valero 等人（2010）提出了一种基于改进的有向数学形态学算子的高分辨率影像道路信息探测方法。该方法利用一种改进的有向数学形态学算子——轨迹开运算和轨迹闭运算去探测影像中的结构像素信息，这两种算子对每一个像素构造特征向量，然后基于特征向量进行道路信息提取。Miao 等人（2015）提出了一种基于信息融合的方法用于高分影像道路提取，基于不同方法提取的结果，应用 3 组不同的信息融合规则来共同利用这些方法的结果，使用信息融合的方法解决了不同方法的自身局限性，提高了道路提取结果的精度。

综上所述，基于区域分割和知识规则的道路提取方法能够充分利用道路的光谱特征，并根据不同遥感数据的特点设计合理的知识推理规则，取得了比较好的道路提取效果。但是总体来说，该方法对遥感影像的使用局限性比较多，不同方法的适用性比较窄，针对不同的遥感影像需要设置不同的参数与规则，因此不能适用于大范围的自动化道路提取工作。

1.3.5　基于多源数据融合的方法

由于影像中不可避免地存在混合像元、同物异谱/异物同谱问题，因此随着应用需求的不断升级，建立在单一数据上的车道信息提取方法不可避免地出现了性能瓶颈，利用多源数据融合进行道路提取也是目前国内外学者研究的热点。2003 年，Zhan 提出了一种基于分层对象研究土地覆盖/利用的方法，也适用于遥感影像的道路提取。该方法首先构建一个基于对象分类的概念模型，然后进行基于对象的土地覆盖特征提取，最后进行基于对象的土地利用分类，并将道路信息提取出来。2004 年，Simon 等人提出了一种利用遥感影像和激光雷达点云提取道路区域的方法，该方法利用的是低分辨率影像，得到道路粗略的网络分布，对于两种数据的融合存在一定的问题，不能得到精确的道路。2008 年，Salman 等人提出了一种融合 LiDAR 数据和遥感影像的分层提取的方法，该方法首先将 LiDAR 数据转换成数字表面模型（Digital Surface Model，DSM），其次利用一个高度阈值将 DSM 分割成二值图像,完成对建筑物的提取,然后结合归一化植被指数(Normalized Differewle Veqetation Imdex,NDVI)完成对植被的提取,最后将道路从中分离出来,完成道路信息的提取。2009年,Farhad 等人提出了一种基于多分类器融合提取 LiDAR 数据中道路信息的方法,该方法首先用最小距离和最大似然分类法进行分类,然后利用多数加权投票法和融合的多分类器进行分类,并提取道路信息,最后比较两种方法的效果,并进行精度评定,结果显示,利用多分类器融合的方法效果比单一分类器要好。2010年,Gong 等人提出了一种基于聚类的从 LiDAR 数据和遥感影像中自动提取道路信息的方法,首先利用聚类算法对 LiDAR 点云数据按照高度信息进行聚类,初步分成道路和植被两大类,然后将航空遥感影像的色彩信息与 LiDAR 点云数据进行融合,使点云数据既包含位置和高程信息又包含回波强度和光谱信息,最后利用融合的数据设置光谱范围,进一步分离出道路信息。这些方法对利用多源数据的道路提取进行了深入的探索,大都能取得比较好的效果,但是在充分获取和利用多源数据中的道路特征方面还有待提高。2013年,Schreiber 等人提出了利用车载 LiDAR 数据与广角摄像头结合的方法提取车道相关的信息,外接高精度的全球卫星导航系统能够达到 10 cm 的精度。以上方法可以获得高精度的车道信息,但是提取效率较低。因此,2014年,Guo 等人提出了使用低成本传感器生成车道级导航地图的方法,通过全球定位系统＋惯性导航系统紧耦合进行车辆定位,同时从正射影像中获取相关道路的纹理信息进行车道划分,提高了车道提取的效率。

一些学者也提出了基于合成孔径雷达(Synthetic Aperture Radar,SAR)影像和机载 LiDAR 数据的道路提取方法(Gamba et al.,2006;Negri et al.,2006),并取得了不错的效果。2001年,Doucette 等人提出了一种利用光谱上下文信息自动从高分影像中提取道路中心线的方法。该方法基于反平行边界中心线提取和自组织的道路制图方法。2006年,Zheng 等人提出了一种采用张量表决机制进行高分辨率影像中道路轮廓提取的方法。这些方法充分考虑了道路在遥感影像中的特征,取得了不错的效果,但是针对复杂道路和不同数据源的遥感数据仍然存在道路提取失败的情况。Shao 等人(2010)提出了一种快速的线性特征探测子用于道路提取。该方法仅考虑了航空或卫星影像中的道路峰线的提取。Cao 和 Sun(2014)提出了一种将道路的光谱特征与 GPS 数据相结合提取道路中心线的方法。多源数据的加入可以提高道路和非道路要素的区分度,但是由于存在配准误差,因此异构道路特征的融合不够充分。针对该问题,Jiang 等人(2017)和 Zhang 等人(2019)提出了基于 SAR 影像多信息融合的车道提取方法,证明了多特征互补和深度融合方法的有效性。

综上所述,基于多源数据融合的车道信息提取方法虽然具有精度高、实时性强等优势,但是在特殊条件下(如强光照射、车道标识模糊或沿路停放车辆遮挡、树木或高大建筑所造成的阴影等),道路特征提取的不稳定或特征融合的不充分造成车道信息的缺失,使基于该方法车道提取的准确性和鲁棒性仍具挑战。

1.3.6　三维道路提取方法

三维道路提取方法经过几十年的发展,目前已经逐步在智慧城市基础设施建设和城市智能交通网络建设中得到应用。随着自动驾驶技术的发展,高精地图越来越重要,针对高精地图中三维道路模型的研究也越来越多,以下将对目前三维道路提取的方法进行综述。

1.3.6.1 基于机载 LiDAR 数据的方法

利用 LiDAR 数据可以获得地面目标的高程和强度信息,因此其常被用于地物三维建模中。在 LiDAR 数据的使用方面,通常分为直接使用和间接使用两类,直接使用是指直接利用 LiDAR 点云数据进行目标的提取和建模,间接使用是指将 LiDAR 点云数据转换成栅格数据,如数字高程模型(Digital Elevation Model,DEM)或数字地面模型(Digital Terrain Model,DTM)数据,然后结合其他数据进行三维道路提取。1999 年,Maas 等人基于分析激光脚点点云的矩不变性,提出了从 LiDAR 数据中自动提取建筑物模型的方法。尤红建等人(2005)根据机载 LiDAR 数据,生成城市 DSM 和 DTM,最后根据建筑物具有规则的形状这个特点来对建筑物的轮廓线进行规则化处理而最终恢复建筑物的三维信息。张栋(2005)利用 LiDAR 数据的高程信息和航空影像房屋的轮廓信息,分别提取房屋的顶面数据和轮廓数据,并基于此进行房屋的三维建模,相对于只使用 LiDAR 数据或者只使用航空序列影像前方交会来建模具有一定的优势。程亮等人(2008)提出了一种 LiDAR 辅助下利用超高分辨率影像进行轮廓提取的新方法,取得了较高的提取准确度。王宗跃等人(2009)利用机载 LiDAR 获取点云数据时水体受阴影和浑浊的影响比传统的遥感影像小的特点,综合利用高分影像的高精度与点云数据的稳健性,将两者结合起来可提高水体边缘轮廓线提取的精确度。沈蔚等人(2011)提出了一种基于机载 LiDAR 数据进行建筑物三维重建的方法,针对平顶建筑和非平顶建筑分别采用"Alpha shapes"算法和"基于向量聚类分析的屋顶提取方法"进行提取,具有一定的自适应性,但是目前该方法只能针对具有一定规则的建筑物进行三维提取,对于不规则的建筑物提取具有一定的局限性。李影等人(2011)通过实验对比了三种建筑物建模的方法,发现基于机载 LiDAR 技术生成的三维模型具有精度高、适用范围广、外业工作量少等优点,但同时存在数据量大、不便于快速传输等缺点。李鹏程等人(2012)提出了一种通过筛选机载 LiDAR 数据的末次和单次回波,利用构建不规则三角网进行滤波和去除孤立点的方法获取 DEM 的方法,并通过实验证明了该方法的可行性与有效性。

基于机载 LiDAR 数据的方法可以精确地生成真三维道路模型,但是由于 LiDAR 点云的数据量巨大以及点云本身存在的误差,针对点云数据的预处理需要消耗一定的时间,同时由于道路遮挡的存在,对一些复杂的道路目标的建模存在问题。

1.3.6.2 基于地理信息系统的方法

在三维道路模型的创建方面,丁如珍等人(2001)完成了公路立交三维建模计算机辅助设计(Computer Aided Design,CAD)系统的开发,以公路立交三维建模透视图及渲染图作为研究对象,对公路立交三维建模 CAD 系统总体结构进行研究。同时对系统中的数字地面模型、路面模型、跨线桥模型、护栏模型及车道标线模型等的建立进行了阐述。李哲梁等人(2002)提出了公路道路信息管理系统中按匝道来表示立交桥的方法,然而其对立交模型的表示和描述都停留在二维空间,使得空间分析和更深入的地理信息系统(Geographic Information System,GIS)分析功能难以实现。2004 年,左小清等人(2004)以公路设计纵、横断面数据为基础,用三角网结构来实现地形、公路及其构造物的三维模型的建立,对于附属设施用三维模型库,该方法是交通地理信息系统和三维可视化相结合的一个初步尝试,然而该论文仅从设计数据出发,讨论了里程点和参照点之间的关系,在三维地理实体对象层面仅讨论了点对象的定位方法和简单的位置查询,对线和面对象在三维环境下的定位和属性表示没有涉及。2004 年,黄建军等人提出了一种航空影像中的立交桥检测的算法,在给出了一类带有圆形或近似圆形转弯匝道的立交桥的描述方法的基础上,先进行主要干道检测,再采用改进的霍夫变换对匝道进行检测,从而实现对立交桥的自动检测。该方法的优点是能够有效地提取影像中具有圆形匝道的立交桥,但是实际获取的数据中,立交桥不一定都是圆形规则匝道设计,还有很多没有特定规则几何形状规律可言,需要利用其他信息来进行提取,因此该方法不具有普适性。还有一些学者采用 GIS 数据库中的道路轮廓线信息作为道路边缘的约束条件对道路进行定位,提取道路,并结合 LiDAR 高程信息建立道路三维模型(Cai et al. ,2008)。其优点是可以充分利用 GIS 的道路拓扑关系,建立复杂的道路网络信息;其缺点是道路的三维重建依赖 GIS 数据信息的时效性,因此不能做到高频更新。

基于地理信息系统的方法可以充分利用现有测绘数据成果,通过引入数字高程模型的方法创建三维道路模型,但该方法受限于数字高程模型的精度以及 GIS 数据信息的时效性,不能做到高频更新。另外,使用该方法建立的三维道路模型缺乏三维拓扑关系,因此较难进行更加深入的空间分析操作。

1.3.6.3 基于移动测量的方法

移动测量技术是目前最为前沿的技术之一,诞生于 20 世纪 90 年代初,集成了全球卫星定位、惯性导航、图像处理、摄影测量、地理信息及集成控制等技术,通过采集空间信息和实景影像,根据卫星及惯性定位确定实景影像的位置姿态等测量参数,实现了任意影像上的按需测量。移动测量设备包括手持移动测量设备、移动测量车和近景摄影测量设备等。

高精地图是一种自动驾驶地图,其服务对象是汽车,高精地图的定位精度理论上应达到车道级甚至厘米级精度,高精地图的数据应实现实时性更新,其更新频率应达到分钟级(陈宗娟 等,2018;Chen et al. ,2010)。高精度地图不仅有高精度的平面坐标,同时还具有准确的道路形状,并且包含每个车道的坡度、曲率、航向、高程以及侧倾的数据。高精地图的道路模型应该是动态的,支持智能调节,支持与自动驾驶汽车的交流。其中,高精度的三维道路模型是高精地图道路模型的基础。

近期,很多关于建立高精地图三维道路模型的方法被提出。刘经南(2018)提出了"众包+边缘计算"的大数据处理模式来解决高精度道路导航地图的计算问题。Sutarwala(2011)使用配备 GPS 和实时动态测量的专业测绘采集车辆沿特定路线采集道路数据。2013 年,Schreiber 等人提出了利用车载 LiDAR 与广角摄像头结合的方法提取道路相关的信息,外接高精度的全球卫星导航系统能够达到 10 cm 的精度,但该方案成本较高。Guo 等人(2014)提出了使用低成本传感器生成车道级导航地图的方法,通过全球定位系统+惯性导航系统紧耦合进行车辆定位,同时从正射影像中获取相关道路的纹理信息进行车道划分。Zheng 等人(2018)提出了一种高精地图道路模型,并基于移动测量车采集的数据完成高精地图的构建,取得了不错的效果。

综上所述,目前三维道路提取方法集中于使用机载或车载 LiDAR 数据的方式,在使用 GIS 数据辅助方面还停留在将 GIS 数据与 DEM 数据结合的方式,没有充分挖掘 GIS 数据和 LiDAR 数据本身的特点。使用移动测量车创建高精地图三维道路模型的方法虽然具有精度高、更新快的优势(Watzenig et al. ,2017),但是受限于采集设备的移动速度以及人力成本,难以实现大范围、高精度的三维道路模型的快速构建。

1.4 道路提取结果评价指标

1.4.1 道路中心线提取评价指标

在实验设置的基础上,采用不同的方法得到了道路中心线提取的结果,然后从以下 3 个方面对这些方法进行了定量比较:①完整度(Completeness);②正确度(Correctness);③质量(Quality)。具体内容如下所示:

$$Completeness = \frac{TP}{TP + FN} \qquad (1-1)$$

$$Correctness = \frac{TP}{TP + FP} \qquad (1-2)$$

$$Quality = \frac{TP}{TP + FP + FN} \qquad (1-3)$$

式中:TP、FP 和 FN 分别代表正确提取、错误提取和漏提取道路的长度。

1.4.2 语义分割评价指标

一般使用交并比(Intersection-over-Union,IoU)作为道路分割标准进行实验结果分析。IoU 是视觉检测与分割任务中的一种常用指标,用于表示预测区域(Prediction,P)与真值区域(Ground Truth,GT)之间的重合程度,在道路提取问题上,就是用来表示道路区域的真值标签与预测道路区域两个像素集合的交集与并集之比,其公式为

$$IoU = \frac{GT \bigcap P}{GT \bigcup P} = \frac{TP}{TP + FP + FN} \qquad (1-4)$$

式中:TP、FP、FN 表示的含义见表 1-2。True(T)和 False(F)表示预测结果的对错;Positive(P)和 Negative(N)分别表示预测结果是道路区域和背景区域。TP 表示正确提取的道路区域;FP 表示错误提取的道路区域;FN 则为漏提取的道路区域。IoU 的取值范围在 0～1 之间,IoU 值越大,代表提取效果越好,模型的抗干扰能力越强。

表 1-2 TP、FP、FN 表示的含义

	$P=1$	$P=0$
GT=1	True Positive(TP)	True Negative(TN)
GT=0	False Positive(FP)	False Negative(FN)

1.4.3 模型计算复杂度评价指标

(1)浮点计算次数(Floating Point Operations,FLOPs),在深度学习中表示模型的计算

量,通常用于衡量模型的计算复杂度,常用的单位是 GFLOPs,代表 10 亿次浮点运算。一次卷积运算的 FLOPs 计算公式为

$$\text{FLOPs}_{\text{conv}} = [2 \times (k_{\text{w}} \times k_{\text{h}} \times c_{\text{in}}) \times c_{\text{out}} + c_{\text{out}}] \times H \times W \qquad (1-5)$$

式中:$\text{FLOPs}_{\text{conv}}$ 表示一次卷积运算的计算量;k_{h} 和 k_{w} 分别表示卷积核的高和宽;c_{in} 和 c_{out} 分别表示特征图的输入通道数和输出通道数;H 和 W 分别表示特征图的高和宽。卷积运算的计算量不仅与卷积核的大小,输入、输出通道数有关,还与特征图的大小有关。

一次全连接运算的 FLOPs 计算公式为

$$\text{FLOPs}_{\text{FC}} = 2 \times (n_{\text{in}} \times n_{\text{out}}) + n_{\text{out}} \qquad (1-6)$$

式中:FLOPs_{FC} 表示一次全连接运算的计算量;n_{in} 和 n_{out} 分别表示特征图的输入通道数和输出通道数。全连接运算的计算量仅与输入、输出通道数有关。

(2)参数和(Params)在深度学习中通常用来描述网络模型的参数总和,单位是 M,代表 10^6 个参数。一次卷积运算的 Params 计算公式为

$$\text{Params}_{\text{conv}} = (k_{\text{w}} \times k_{\text{h}} \times c_{\text{in}}) \times c_{\text{out}} + c_{\text{out}} \qquad (1-7)$$

式中:$\text{Params}_{\text{conv}}$ 表示一次卷积运算的参数总和;k_{h} 和 k_{w} 分别表示卷积核的高和宽;c_{in} 和 c_{out} 分别表示特征图的输入通道数和输出通道数。卷积运算的参数量不仅与卷积核的大小有关,还与输入、输出通道数有关。

一次全连接运算的 Params 计算公式为

$$\text{Params}_{\text{FC}} = 2 \times (n_{\text{in}} \times n_{\text{out}}) + n_{\text{out}} \qquad (1-8)$$

式中:$\text{Params}_{\text{FC}}$ 表示一次全连接运算的参数总和;n_{in} 和 n_{out} 分别表示特征图的输入通道数和输出通道数。全连接运算的参数总和仅与输入、输出通道数有关。表 1-3 列举了一些常用 CNN 框架的 FLOPs 和 Params。

表 1-3 常用 CNN 框架的 FLOPs 和 Params

模型名称	FLOPs/GFLOPs	Params/M
AlexNet	0.7	61.0
GoogleNet	1.6	6.9
VGG-16	15.5	138.3
ResNet50	3.9	25.6
ResNet101	7.6	44.6
ResNet152	11.3	60.3

1.5 本 章 小 结

本章首先介绍了基于遥感数据的道路提取的背景和意义,接着介绍了多源异构遥感数据的概念和融合方法,然后对基于多源异构遥感数据的道路提取方法进行了综述,最后介绍了常用的道路提取结果定量评价方法。

第 2 章 道路特征的增强方法

通过对高分影像中道路特征的分析,针对现有方法中高分影像的道路提取方法存在的问题,本章分别提出针对道路阴影遮挡和道路材料变化的光谱特征增强方法,以及针对道路形状各异的空间特征增强方法,并详细描述方法的原理和算法步骤。

2.1 引　　言

高分影像对土地利用和土地覆盖制图的作用已经得到了国内外专家、学者的广泛认可。多平台的遥感传感器包括卫星遥感平台(如 WorldView、高分、高景等)和航空遥感平台(如无人机、飞艇等)。由于其具有较高的空间分辨率和强大的表达地表细节信息的水平,因此,高分影像具有满足这一要求的巨大潜力(Chaudhuri et al.,2012)。这类图像的优点在空间和光谱复杂的区域尤其明显,例如,具有小而窄的街道的密集城市区域。

由于卫星成像角度问题,因此高分影像中广泛存在着道路被植被或建筑物阴影遮挡的问题。这个问题导致道路的光谱特征发生变异,使得在使用机器学习方法进行道路提取的过程中,无法获取道路的真实样本特征,从而产生道路提取结果的不完整问题。

由于道路铺设材料问题导致的道路辐射特征不同,因此在高分影像中表现为道路光谱反射率的不同,即影像中的像素的灰度值的不同。这是由于道路的物理特性发生变化导致的,也会影响使用机器学习方法进行道路提取过程中道路样本光谱特征的均一性,进而导致道路提取结果出现偏差。

基于以上分析,针对道路光谱异质性导致的道路提取失败问题,需要研究用于降低道路光谱异质性问题的道路光谱特征增强方法。

由于高分影像的空间分辨率比较高,地表细节表达能力强,但一般波段个数较少,因此光谱特征表达能力较弱,具体表现在"同谱异物"和"同物异谱"现象比较显著。如高分影像中的道路和建筑物,由于光谱特征比较接近,若仅使用光谱特征则难以区分。考虑到道路在高分影像中的空间形态特征,目前的道路提取方法关注的多为单一道路图斑的空间结构,而忽略了相邻道路图斑之间的空间关系,因此,有必要研究道路的空间特征增强方法。

2.2　遥感数据中的道路特征

影像特征是由于目标的物理与几何特性使影像中局部区域的灰度发生明显变化而形成的。因此,特征的存在意味着在该区域中有较大的信息量,而在没有特征的区域,应只有较小的信息量。与中、低分辨率遥感影像相比,高分影像能表现更多的地面目标与更多的细节特征,尤其是道路特征。例如,一些比较窄的道路在中、低分辨率影像上难以识别,但在高分辨率影像上却能较好地识别,甚至能计算出道路的宽度。由于遥感影像分辨率的提高,道路特征能够较清楚地被识别出来。

概括起来,高分影像中的道路具有如下特征。

(1)几何特征。

1)主要的道路为具有一定长度的带状目标,在空间上具有延伸特性。

2)宽度较大,沿长度方向宽度的变化较小。宽度相对大小与道路级别有关,级别越高,宽度越大,城市主要干道的宽度较大,并且每一道路段路面宽度基本上保持一致。

3)部分路段有一定的弯曲,然而一般局部曲率不大,曲率变化比较缓慢。

4)平行性:级别较低、宽度较窄的道路存在相对应的平行线段,而且通常是一对一的,但主要道路的路面上是许多对相互平行的直线,而且不连续,道路的双边平行特征不明显。

(2)辐射特征。

1)道路与周围环境的对比度较小,对比度的大小和区域有关,一般来说城区比乡村小。

2)道路的饱和度较为均匀,饱和度值在不同道路材料的路面上变化不大。

3)受路面上汽车、交通管理线、分道线、车道线等的影响,道路表面灰度分布不均匀,但灰度沿某一方向具有均匀性。

(3)拓扑特征。

1)道路段相互连通,且一幅影像覆盖有限的区域,因而每一道路段的两端只有两种情况:一种是与另一道路段相交,另一种是延伸至图像的边缘。

2)网络特征是可以利用的辅助特征,但不是最明显的特征。

3)道路段连接处的几何模式不明显。

(4)空间上下文特征。空间上下文特征指的是与道路相关的影像特征,如道路旁的建筑物和行道树,是城市道路还是乡间道路。

(5)功能特征。

1)作为交通网的一部分,道路起着运输通道的作用。

2)一般都有方向性,与居民地或其他人工设施相连接。

从以上道路特征的总结可以看出,高分影像比中、低分辨率遥感影像有更多的提取道路目标特征的可能性。另外,在高分影像上也存在更多的非道路信息。例如,由于同一路段各点所处的平面基本一致,因此没有表面物体遮挡的各路面点在影像上表现出的灰度较为相近。然而,由于部分道路的混凝土构造,它与其他建筑物屋顶的灰度接近,难以区分;由于被建筑物、植被等阴影的遮盖,这一部分道路的灰度值基本非常小。同时,高分影像上的道路面也存在由斑马线、汽车、行人等造成的与道路灰度差异较大的非路面像素点。这些也都是高分影像中道路的主要特征之一。高分影像中道路的特征将作为道路分割与道路提取方法的研究基础:一方面需要开发新的方法对遥感影像中的道路特征进行增强,对非道路特征进行抑制;另一方面需要寻找新的道路特征提高道路提取方法的鲁棒性。

2.3　光谱特征增强

近几十年来,从高分影像中提取道路已经变得流行并且吸引了大量的研究工作。然而,非常高的空间分辨率、复杂的城市结构和道路图像的背景效应使道路提取过程复杂化。例如,阴影、车辆或其他物体可能遮挡位于发达市区的道路,导致高分影像中道路光谱特征的异质性变大,这给准确的道路中心线提取带来了困难。同时,由于遥感影像中存在"同物异谱"和"异物同谱"现象,仅使用道路光谱特征有效地提取道路成为一项艰巨的任务,因此,有必要研究道路光谱特征增强方法。本节将从多特征融合和颜色空间变换的角度,进一步对道路的光谱特征进行强化,从而达到提高道路提取准确性的目的。

2.3.1　基于边缘约束的多特征融合模型

由于高分影像空间分辨率高而光谱分辨率低的特点,因此很多学者将多特征融合的方法用于影像分类、影像配置、变化检测以及地物提取中,取得了不错的效果。这说明了多特征融合方法在弥补高分影像光谱特征表达能力弱的方面可以发挥重要的作用(戴激光　等,2018;林艺阳　等,2018;刘欢　等,2018;王光辉　等,2018;王钰　等,2019;张庆春　等,2018)。在基于高分影像的道路提取中,边缘特征虽然已被使用,但是边缘曲率特征的使用较少,基于对高分影像中道路特征的分析,道路边界可以被认为是平滑曲线,基于这个假设可以将边缘曲率特征用于阴影遮挡的检测中,通过判断边缘曲率特征的突变来定位阴影或遮挡区域,进而使用其他特征对阴影遮挡区域进行改正,从而达到增强道路特征的目的。

2.3.1.1　非道路像素信息抑制

非道路像素信息抑制的原理是通过抑制非道路像素信息从而增强道路信息。在高分影像中,一般假设道路是局部均匀且细长的区域。然而,高分影像中的一些道路被许多非道路像素污染,例如汽车和交通标线。因此,图像滤波对于减少非道路像素的负面影响是必要的。在引导图像的引导下,引导滤波对图像执行滤波操作(He et al.,2012),同时可以保持图像的边缘平滑。与其他滤波操作类似,引导图像滤波是邻域操作。在计算输出值时,它考虑了引导图像中与中心像素相邻的像素的统计量。

常用的线性平移变差滤波公式为

$$q_i = \sum_j W_{ij}(I)p_j \tag{2-1}$$

式中:i 和 j 是像素索引;I、p 和 q 分别表示输入、引导和输出图像;滤波器核 W_{ij} 是 I 和 p

的加权平均函数,定义为

$$W_{ij}(I) = \frac{1}{|\omega|^2} \sum_{k:(i,j)\in\omega_k} \left[1 + \frac{(I_i - \mu_k)(I_j - \mu_k)}{\sigma_k^2 + \varepsilon}\right] \quad (2-2)$$

式中:ω_k 是以像素 k 为中心的滑动窗口;$|\omega|$ 是 ω_k 中的像素个数;μ_k 和 σ_k^2 分别表示 ω_k 中 I 的均值和方差;ε 是控制平滑度的正则化参数。

引导滤波的关键假设是在 I 和 q 之间建立一个局部线性模型。该模型定义为

$$q_i = a_k I_i + b_k \quad \forall i \in \omega_k \quad (2-3)$$

式中:(a_k, b_k) 是在 ω_k 中假定为常数的一些线性系数。这两个参数是用线性岭回归模型计算的,即

$$E(a_k, b_k) = \sum_{i\in\omega_k} \left[(a_k I_i + b_k - p_i)^2 + \varepsilon a_k^2\right] \quad (2-4)$$

式中

$$a_k = \frac{\frac{1}{|\omega|}\sum\limits_{i\in\omega_k} I_i p_i - \mu k \bar{p}_k}{\sigma_k^2 + \varepsilon} \quad (2-5)$$

$$b_k = \bar{p}_k - a_k \mu_k \quad (2-6)$$

式中:$\bar{p}_k$ 是 ω_k 中 p 的均值。

对图像中所有滑动窗体 ω_k 计算 (a_k, b_k) 后,引导滤波的输出表示为

$$q_i = \frac{1}{|\omega|} \sum_{i\in\omega_k} (a_k I_i + b_k) \quad (2-7)$$

2.3.1.2　道路概率估计

道路概率估计旨在利用道路的多特征,克服传统的快速行进算法只考虑光谱信息的缺点。因此,为了估计道路概率,采用加权融合的方法将道路光谱信息、中心线概率和道路边缘特征结合起来。

(1)马氏距离。将用户生成的初始道路种子点作为中心像素,将其相邻像素(如 5×5 窗口)作为训练样本,然后应用马氏距离来计算图像中其他像素属于道路的概率(Xiang et al.,2008),计算公式为

$$D_M(x) = \sqrt{[I(x) - m]^T C^{-1} [I(x) - m]} \quad (2-8)$$

式中:$D_M(x)$ 为像素 x 处马氏距离的值;$I(x)$ 为像素 x 的光谱矢量值;m 和 C 分别表示训练样本的均值和协方差矩阵。

在计算完所有像素的马氏距离值后,使用简单的阈值法将图像分割为前景(即道路)及背景(即非道路)区域。阈值函数的定义为

$$\text{Label}(x) = \begin{cases} 1, & D_M(x) \leqslant T \\ 0, & \text{其他} \end{cases} \quad (2-9)$$

式中:$\text{Label}(x)$ 为像素 x 的类别标签;T 为道路面积与整个图像区域的面积比,通过反复试验得到一般的高分影像的道路面积比约为 0.2;1 和 0 分别代表道路类和非道路类。

然后,道路光谱特征可以通过应用高斯滤波器来计算,即

$$S_{i,j} = \frac{1}{2\pi\sigma^2} e^{-\frac{(i-k-1)^2 - (j-k-1)^2}{2\sigma^2}} \quad (2-10)$$

式中：$S_{i,j}$ 是行列号为 (i,j) 位置处像素的道路光谱值；σ 是标准偏差；k 是滑动窗口的尺寸大小。

通过距离变换处理所获得的道路前景分割结果 $D_{i,j}$ 为

$$D_{i,j}=\min\{\mathrm{Dis}[(i,j),(x,y)],(x,y)\in I\} \tag{2-11}$$

式中

$$\mathrm{Dis}[(i,j),(x,y)]=\sqrt{(i-x)^2-(j-y)^2} \tag{2-12}$$

该距离图 $D_{i,j}$ 可被用作道路中心线概率图。

尽管马氏距离方法将一些非道路像素错误地分为道路像素，但这一误差对道路中心线概率图的生成影响甚微，因为本研究中种子点的连接依赖于快速行进算法，这种方法对噪声具有较好的鲁棒性。

（2）边缘特征。在高分影像中，由于空间分辨率的提升从而产生"噪声"，这会导致一些微小的边缘信息产生。复杂图像背景也会产生大量细分边缘，这些边缘难以处理并因此导致道路边缘提取的困难。遥感图像的边缘信息已经被广泛研究并应用于中/低分辨率遥感图像中线性物体的提取和跟踪，如道路和河流。因此，边缘信息可以用作精确道路中心线提取的约束条件。

图像边缘特征可以通过边缘滤波操作来计算。边缘滤波算子通过考虑像素 $p_{i,j}$ 的 3×3 邻域 $\omega_{i,j}$，基于光谱方差和局部相似性对图像进行滤波，滤波算子的设计如下：

$$\boldsymbol{\omega}_{i,j}=\begin{bmatrix} v_{i-1,j-1} & v_{i-1,j} & v_{i-1,j+1} \\ v_{i,j-1} & v_{i,j} & v_{i,j+1} \\ v_{i+1,j-1} & v_{i+1,j} & v_{i+1,j+1} \end{bmatrix} \tag{2-13}$$

式中：(i,j) 是图像中每个像素的空间坐标；$v_{i,j}$ 是像素的光谱值。

拉普拉斯算子是边缘提取中最常用的算子之一。为了增强拉普拉斯算子检测对角线上灰度变化的能力，重新设计的模板为垂直、水平和对角线分配不同的权重，定义如下：

$$2\begin{bmatrix} 0 & -1 & 0 \\ -1 & 4 & -1 \\ 0 & -1 & 0 \end{bmatrix}+\begin{bmatrix} -1 & 0 & -1 \\ 0 & 4 & 0 \\ -1 & 0 & -1 \end{bmatrix}=\begin{bmatrix} -1 & -2 & -1 \\ -2 & 12 & -2 \\ -1 & -2 & -1 \end{bmatrix} \tag{2-14}$$

通过上述 3×3 邻域对图像进行卷积，得到边缘检测结果为

$$E_{i,j}=\frac{1}{12}\begin{bmatrix} \mathrm{SA}(\boldsymbol{v}_{i-1,j-1},\boldsymbol{v}_{i,j})2\mathrm{SA}(\boldsymbol{v}_{i,j-1},\boldsymbol{v}_{i,j})+\mathrm{SA}(\boldsymbol{v}_{i+1,j-1},\boldsymbol{v}_{i,j})+ \\ \mathrm{SA}(\boldsymbol{v}_{i-1,j+1},\boldsymbol{v}_{i,j})+2\mathrm{SA}(\boldsymbol{v}_{i,j-1},\boldsymbol{v}_{i,j})+\mathrm{SA}(\boldsymbol{v}_{i+1,j+1},\boldsymbol{v}_{i,j}) \end{bmatrix} \tag{2-15}$$

$$\mathrm{SA}(\boldsymbol{v},\boldsymbol{\omega})=\cos^{-1}\left(\frac{\boldsymbol{v}\cdot\boldsymbol{\omega}}{\|\boldsymbol{v}\|\|\boldsymbol{\omega}\|}\right) \tag{2-16}$$

式中：SA 代表光谱角度，是两个像素之间相似性的度量；v、ω 代表两个像素的光谱值。

边缘滤波算子具有以下特性：①同质区域内光谱变化小，这一特征导致同质区域的边缘算子值较低；②相邻边界区域的光谱范围变化剧烈，这种特性使得边界区域的边缘算子值较高。这两个特征可以用来获得图像的边缘特征。

（3）特征融合。道路特征信息融合的目的是对候选道路进行估计，剔除尽可能多的误报，提高提取道路的一致性。大多数现有的融合方法都是基于特征融合的方法，结合了从道路区域获得的多个特征。

因此，本部分提出了一种基于边缘约束的加权融合模型，该模型由三项组成，用于整合

通过上文介绍的方法检测到的道路特征：

$$\hat{P} = \frac{1}{Z}(\alpha f_{\text{s}} + \beta f_{\text{D}} + \lambda(1 - f_{\text{D}})f_{\text{E}}/(\text{Curu}_k + \varepsilon) \qquad (2-17)$$

式中：$\hat{P}$ 是道路概率图；Z 是归一化常数；f_{S}、f_{D} 和 f_{E} 分别表示道路光谱特征[式（2-10）]、道路中心线概率[式（2-11）]和边缘特征[式（2-15）]；α、β 和 γ 是模型中三个项的权重；ε 是一个极小值，防止分母为 0；Curv_k 是当前像素的曲率度量，取决于相邻向量的相对方向，被定义为

$$\text{Curv}_k = \left| \frac{\boldsymbol{\mu}_k}{|\boldsymbol{\mu}_k|} - \frac{\boldsymbol{\mu}_{k+1}}{|\boldsymbol{\mu}_{k+1}|} \right| \qquad (2-18)$$

式中：$\boldsymbol{\mu}_k = (i_k - i_{k-1}, j_k - j_{k-1})$，$\boldsymbol{\mu}_{k+1} = (i_{k+1} - i_k, j_{k+1} - j_k)$，$i$ 和 j 分别是当前像素的行号和列号。

道路多特征融合结果如图 2-1 所示，从图中圆圈部分的对比可以发现，经过多特征加权融合之后，道路上的阴影遮挡问题有了很大的改善，这将为接下来的道路中心线的提取带来便利，提高道路中心线提取的准确性。

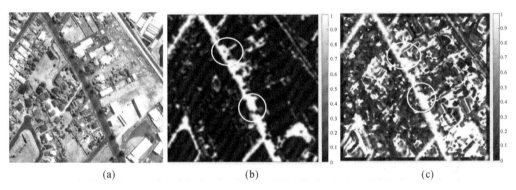

图 2-1　道路多特征融合结果

(a)原始影像；(b)道路光谱特征；(c)道路融合特征

2.3.2　基于颜色空间变换的道路光谱特征增强

基于人眼视觉原理，人类的色视觉可以用一个三维的线性空间表示，人类对色彩的感知，相当于是在光谱分布这样一个无穷维的函数空间（巴拿赫空间）中，进行了一个三维投影。颜色空间变换本质上是一种光谱能量表达函数在三维空间的线性基准的转换。基于此，可以将不同地物的颜色值转换到新的线性基准之上，从而实现不同地物光谱差异的最大化。而对于道路来说，在高分影像中，道路由于阴影遮挡的缘故，很多道路像素光谱值发生了变化，而在理论上可以找到一组新的空间基准，使得通过颜色空间变换之后的道路被阴影遮挡的像素的光谱值与真实道路光谱值统一。此外，在高分影像中，道路材料的变化（如沥青道路与水泥道路）也会影响道路光谱特征值的变化，从颜色空间角度可以通过线性空间变换找到一组新的基准，使得不同材料道路的光谱值归一化为相似光谱范围的新的颜色空间。

2.3.2.1 颜色空间变换的理论基础

颜色空间模型是多种多样的,其中,应用最为普遍的是 RGB(红、绿、蓝)模型。RGB 颜色模型(见图 2-2)由红、绿、蓝三原色组成,它大多用于彩色显示器和彩色栅格图像。这个模型基于笛卡儿坐标系,3 个轴分别为 R、G、B。通过对红、绿、蓝三原色的混合可以得到大多数的颜色。

在 RGB 颜色立方体模型中,坐标原点代表(0,0,0)黑色,而坐标点(1,1,1)代表白色。坐标轴上的顶点代表 3 个基色,而余下的顶点则代表第一个基色的补色。为方便表示,将立方体归一化为单位立方体,这样所有的 R、G、B 的值都在[0,1]中。根据这个模型,每幅彩色图像包括 3 个独立的基色平面,或者说可分解到 3 个平面上。反过来,如果一幅图像可被表示为 3 个平面,那么使用这个模型比较方便。

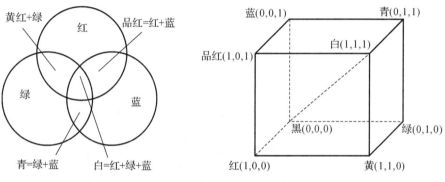

图 2-2　RGB 颜色模型

HSV 颜色模型是根据颜色的直观特性创建的一种圆锥模型,如图 2-3 所示。与 RGB 颜色模型中的每个分量都代表一种颜色不同的是,HSV 模型中每个分量并不代表一种颜色,而分别是色调(H)、饱和度(S)和亮度(V)。H 分量是代表颜色特性的分量,用角度度量,取值范围为 0°～360°,从红色开始按逆时针方向计算,红色为 0°,绿色为 120°,蓝色为 240°。S 分量代表颜色的饱和信息,取值范围为 0.0～1.0,数值越大表示颜色越纯。V 分量代表明暗信息,取值范围为 0.0～1.0,数值越大表示颜色越明亮。HSV 颜色空间清晰地将颜色分为色度和亮度,而阴影不会改变背景的色度,故常用此颜色空间来进行阴影检测。

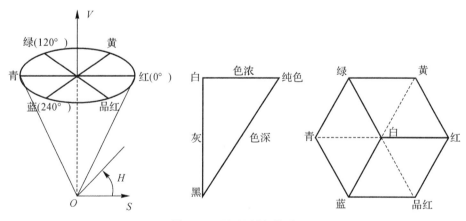

图 2-3　HSV 颜色模型

　　相关学者通过对道路材料光谱特性的研究发现,道路路面的光谱特征并不是一成不变的,随着时间的推移,受多种因素(如材料、天气和环境等)的影响,路面铺设材料成分的物理化学反应与载荷、磨损等都会导致道路表面组分的改变,进而影响路面的光谱特征(潘一凡　等,2017)。另外,不同材质的路面光谱反射特征差异明显,黄土或水泥路面与沥青路面的光谱反射率不同。受道路材质和道路表面物理特征的影响,水泥和土路材质颗粒微小,道路表面更光滑,因此,其反射率明显高于沥青路面(金续　等,2017)。

　　许多道路提取方法的主要难点是由于材料变化、图像噪声等多种因素引起的道路光谱的不稳定,导致 RGB 颜色空间中光谱值的变异。根据道路的物理特性可知道路的辐射特征只与道路材料本身的物理特性有关,与所采用的颜色模式、颜色通道、颜色的色调或明暗无关,道路材料的变化会导致道路的颜色深浅发生改变。因此,针对阴影或道路材料变化导致的道路光谱异质性,可以通过将 RGB 颜色空间转换为另一种颜色空间,以减少光照或道路材料变化的负面影响。

　　RGB 颜色空间转换为 HSV(即色相、饱和度和明度)颜色空间可以使用以下转换公式计算(Charbit,2010):

$$V = \max(R, G, B) \tag{2-19}$$

$$S = \begin{cases} \dfrac{V - \min(R, G, B)}{V}, & V \neq 0 \\ 0, & V = 0 \end{cases} \tag{2-20}$$

如果 $S = 0$,那么

$$H = 0 \tag{2-21}$$

如果 $R = V$,那么

$$H = \begin{cases} \dfrac{60(G - B)}{V - \min(R, G, B)}, & G \geqslant B \\ 360 + \dfrac{60(G - B)}{V - \min(R, G, B)}, & G < B \end{cases} \tag{2-22}$$

如果 $G = V$,那么

$$H = 120 + \dfrac{60(B - R)}{V - \min(R, G, B)} \tag{2-23}$$

如果 $B = V$,那么

$$H = 240 + \dfrac{60(R - G)}{V - \min(R, G, B)} \tag{2-24}$$

　　图 2-4 给出了一个光谱变换的例子。原始的 RGB 图像如图 2-4(a)所示,对应的色相(H)、饱和度(S)、明度(V)如图 2-4(b)～(d)所示。图 2-4(a)显示测试图像包含两种不同的道路类型,其光谱响应值不同。相比之下,道路材料变化引起的道路光谱变化在经过颜色空间变换后基本消除,如图 2-4(c)所示,道路的光谱特征变得比较统一。

2.3.2.2　道路概率估计

　　道路概率估计的目的是调整初始粗糙的道路中心线,以产生精确定位在道路中心线上的准确结果。为此,首先构建道路中心线周围的缓冲区。对于缓冲区中的每个像素,其位于道路中心线上的概率利用核密度估计的方法来计算。最后,将测地方法再次应用于核密度估计的结果,以产生准确的道路中心线。

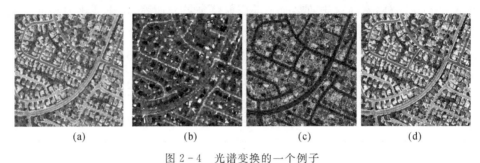

图 2 - 4　光谱变换的一个例子
(a) RGB 图像;(b)色调分量;(c)饱和度分量;(d)明度分量

1. 构造道路缓冲区

一般来说,实际情况下道路宽度是不一致的,因此,当道路宽度发生变化时,应自适应地改变道路缓冲区。同时,缓冲区应该包含最少数量的非道路像素。初始道路中心线周围的缓冲区可以看作是目标,通过能量函数 $E(C)$ 找到最优轮廓 C 来提取该目标,能量函数定义为

$$E(C) = \lambda |C| + \int_{C_{in}} |x_i - \mu_{in}|^2 \mathrm{d}x\,\mathrm{d}y + \int_{C_{out}} |x_i - \mu_{out}|^2 \mathrm{d}x\,\mathrm{d}y \qquad (2-25)$$

式中:λ 是平滑项,用作惩罚演变轮廓曲线长度并保持曲线平滑的惩罚项;$|C|$ 表示轮廓长度;x_i 是第 i 个像素的灰度值;C_{in} 和 C_{out} 分别是前景和背景;μ_{in} 和 μ_{out} 分别是 C_{in} 和 C_{out} 的平均灰度值。

通过使式(2 - 25)达到最小值来演化轮廓曲线 C 以匹配物体的边缘。为此,使用水平集方法来最小化能量函数 $E(C)$。设 Ω 表示图像域,曲线 C 由 Lipchitz 函数 φ 的 0 级水平集表示,使得

$$\left.\begin{array}{l} \varphi(x,y) > 0, \quad (x,y) \in C_{in} \\ \varphi(x,y) = 0, \quad (x,y) \in C \\ \varphi(x,y) < 0, \quad (x,y) \in C_{out} \end{array}\right\} \qquad (2-26)$$

然后,引入了 Heaviside 阶跃函数 H 和 Dirac 增量函数 δ 来描述该函数,即

$$H(z) = \begin{cases} 1, & z \geqslant 0 \\ 0, & z < 0 \end{cases} \qquad (2-27)$$

$$\delta(z) = \frac{\mathrm{d}}{\mathrm{d}z} H(z) \qquad (2-28)$$

通过用水平集函数 φ 建立未知变量 C 的能量函数,式(2 - 25)可以改写为

$$E(\varphi) = \lambda \int_{\Omega} \delta(\varphi) |\nabla\varphi| \mathrm{d}x\,\mathrm{d}y + \int_{\Omega} |x_i - \mu_{in}|^2 H(\varphi) \mathrm{d}x\,\mathrm{d}y +$$
$$\int_{\Omega} |x_i - \mu_{out}|^2 [1 - H(\varphi)] \mathrm{d}x\,\mathrm{d}y \qquad (2-29)$$

式中:$\nabla\varphi$ 是 φ 的梯度。

迭代地执行式(2-29),直到得到最优的 φ。关于计算细节,可以参考 Chan 和 Vese 提出的主动轮廓算法的论文(Chan et al. , 2001)。

2. 核密度估计

在道路缓冲构造完成后,引入核密度估计技术评估像素点位于道路中心线上的概率。设 $X_1,X_2,\cdots,X_n$ 为道路缓冲区中给定的一组像素,定义核密度估计量为

$$\hat{f}(X) = \frac{1}{nh^d}\sum_{i=1}^{n}K\left(\frac{X-X_i}{h}\right) \tag{2-30}$$

式中:h 为带宽参数;d 为数据维数;K 为核函数。本书选取高斯核作为核函数。高斯核的定义为

$$K(X) = e^{-\frac{X^2}{2h^2}} \tag{2-31}$$

带宽参数 h 由下式确定:

$$h = \frac{1}{n^{d+4}}\boldsymbol{\Sigma}^{\frac{1}{2}} \tag{2-32}$$

式中:n 是数据的数量;$\boldsymbol{\Sigma}$ 是数据的协方差矩阵。

2.4　空间特征增强

在高分影像的分类和目标提取领域,2002 年,Shackelford 等人提出了一种名为长宽提取算法(Length-Width Extraction Algorithm,LWEA)的方法,该方法可以计算出图像中每个像素的长度和宽度值。Zhang 等人(2006)在改进和扩展 LWEA 方法的基础上提出了像素形状指数(Pixel Shape Index,PSI)特征,该特征可以通过不同方向的像素值的统计量表达中心像素的上下文信息。Huang 等人(2007)对 PSI 特征进行了扩展,对方向线进行了一些新的空间测度。上面描述的道路提取方法和特征主要集中在像素级上,当使用面向对象的图像分析方法时需要为分割后的图斑对象设计新的空间结构特征。

本章提出的扩展道路形状指数(Extended Road Shape Index,ERSI)特征是对 LWEA 方法和 PSI 特征在分割对象尺度上的发展。ERSI 是一种基于光谱特征、空间特征、纹理特征等多种特征的超像素形状特征。它是根据高分影像中道路对象的空间延伸特性和超像素分割方法分割出的图斑对象的均匀分布规律而设计的。

如图 2-5 所示,本章所提出的扩展道路指数的计算方法包含 3 个主要步骤,它们分别是:①预处理。以逐个对象的方式提取高分影像的光谱特征和空间自相关特征。使用基于简单线性迭代聚类(Simple Linear Iterative Clustering,SLIC)算法的超像素分割方法提取图像对象,超像素分割是一种迭代的基于区域自下而上的合并分割方法,融合过程依赖于在一定半径范围内比较相邻对象的局部同质性。②基于地理学第一定律的区域扩展。分割后,每个图斑对象都通过迭代程序进行扫描和处理,通过区域扩展算法获得每个图斑对象的扩展区域。③扩展道路形状指数提取。计算扩展道路区域的空间形状特征,包括基于骨架

的对象线性指数和平均道路宽度特征。

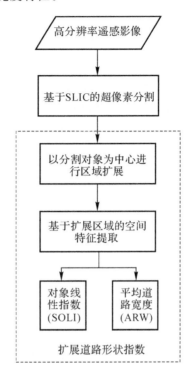

图 2-5　扩展道路形状指数的计算流程图

2.4.1　超像素分割

　　面向对象的影像分析方法是当前高分遥感影像解译的主流方法,而影像分割是这一方法的基础。由于高分遥感影像中地物的多样性,因此影像分割需要的尺度也各不相同。多尺度分割方法是面向对象影像解译中常用的方法。另外,针对不同类型地物分析的需求,还需要调整分割尺度,以获取最佳的分割效果。与基于像素的方法相比,基于对象的方法具有两个优点:①与单个像素相比,图像对象具有更多的可用特征(如形状、大小和纹理);②处理单元从像素到对象的改进,使得分类结果能够平滑很多"椒盐"噪声。

　　图像分割的目的是根据颜色、纹理、形状、亮度等将图像划分为不同的有意义区域。Ren 等人(2003)首先介绍了"超像素(Super Pixel)"。超像素是由一些像素组成的像素集,其具有纹理、颜色、亮度和相邻空间的相似性。超像素使用像素之间的接近度和相似度来降低图像分析的复杂性并获得图像的冗余信息。基于超像素分割方法的分割结果具有用于后续图像处理任务的 4 个期望属性:①计算效率高;②具有代表性;③感知意义;④空间邻接。

　　常见的超像素分割方法有 SLIC、Graph-based、Watershed(Marker-based Watershed)和 Meanshift 等,其分割效果的对比如图 2-6 所示。从图中可以看出:SLIC 方法具有较好的分割紧凑度;Marker-based Watershed 和 Meanshift 方法具有较高的边缘精确度和区域合并效果；Graph-based 方法分割的图斑非常不规则，图斑紧凑度较低。这里通过权衡和考虑分割效率、分割紧凑度以及高分影像的特点，选择使用 SLIC 方法对遥感影像进行超像素分割（Achanta et al.，2012）。该算法将彩色图像转化为 CIELAB 颜色空间和笛卡儿坐标下的 5 维特征向量 $[l,a,b,x,y]$，然后对 5 维特征向量构造距离度量标准，对图像像素进行局部聚类。它可以有效地生成紧凑且几乎均匀的超像素。

图 2-6　常用超像素分割方法分割效果示意图

(a)SLIC；(b)Marker-Watershed；(c)Graph-based；(d)Meanshift

SLIC 算法的具体实现步骤如下。

（1）初始化种子点（聚类中心）。按照设定的超像素个数，在图像内均匀的分配种子点。假设图像共有 N 个像素点，预分割为 K 个相同尺寸的超像素，那么每个超像素的大小为 N/K，则相邻种子点的距离（步长）近似为 $S=\mathrm{sqrt}\left(\dfrac{N}{K}\right)$。

（2）在种子点的 $n\times n$（一般取 $n=3$）邻域内重新选择种子点。具体方法为，计算该邻域内所有像素点的梯度值，将种子点移到该邻域内梯度最小的地方。这样做的目的是避免种子点落在梯度较大的轮廓边界上，以免影响后续聚类效果。

（3）在每个种子点周围的邻域内为每个像素点分配类别标签（即属于哪个聚类中心）。与标准的 k-means 算法在整个图像中进行搜索不同，SLIC 算法将搜索范围限制为 $2S\times 2S$，可以加速算法收敛的速度，如图 2-7 所示。这里需要注意的是，期望的超像素尺寸为 $S\times S$，但是搜索的范围是 $2S\times 2S$。

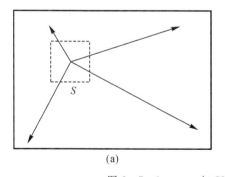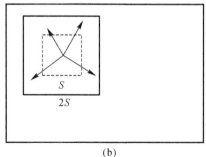

(a)　　　　　　　　　　　　　　　(b)

图 2-7　k-means 与 SLIC 的搜索范围示意图

(a)标准 k-means 算法搜索整个图像；(b)SLIC 算法搜索一个限定区域

(4)距离度量:距离度量包括光谱距离和空间距离。对于每个搜索到的像素点,分别计算它和当前种子点的距离。距离计算方法如下:

$$d_c = \sqrt{(l_j - l_i)^2 + (a_j - a_i)^2 + (b_j - b_i)^2} \qquad (2-33)$$

$$d_s = \sqrt{(x_j - x_i)^2 + (y_j - y_i)^2} \qquad (2-34)$$

$$D' = \sqrt{\left(\frac{d_c}{N_c}\right)^2 + \left(\frac{d_s}{N_s}\right)^2} \qquad (2-35)$$

式中:i 和 j 分别表示搜索的像素点和当前种子点的标号;$[l,a,b]$ 表示像素点在 LAB 颜色空间中的矢量值;$[x,y]$ 表示像素点的坐标;d_c 代表光谱距离;d_s 代表空间距离;N_s 是类内最大空间距离,定义为 $N_s = S = \mathrm{sqrt}\left(\frac{N}{K}\right)$,适用于每个聚类。最大光谱距离 N_c 的值既随图像的不同而改变,也随聚类的不同而改变,因此取一个固定常数 m(取值范围为 $[1,40]$,一般取 10)代替。最终距离度量 D' 的计算公式为

$$D' = \sqrt{\left(\frac{d_c}{m}\right)^2 + \left(\frac{d_s}{S}\right)^2} \qquad (2-36)$$

由于每个像素点都会被多个种子点搜索到,因此每个像素点都会有一个与周围种子点的距离,取最小值对应的种子点作为该像素点的聚类中心。

(5)迭代优化。理论上应将上述步骤不断迭代直到误差收敛(可以理解为每个像素点聚类中心不再发生变化为止)。

(6)增强连通性。经过上述迭代优化可能会出现多连通情况、超像素尺寸过小、单个超像素被切割成多个不连续超像素等瑕疵,这些情况可以通过增强连通性解决。主要思路是:新建一张标记表,表内元素均为 -1,按照 Z 形走向(先从左到右,再从上到下的顺序)将不连续的超像素、尺寸过小的超像素重新分配给邻近的超像素,遍历过的超像素分配给相应的标签,直到所有超像素遍历完毕为止。

基于 SLIC 的超像素分割算法主要优点如下:①生成的超像素如同细胞一般紧凑整齐,邻域特征比较容易表达,由此,基于像素的方法可以比较容易地改造为基于超像素的方法;②不仅可以分割彩色图,还可以兼容分割灰度图;③需要设置的参数非常少,默认情况下只需要设置一个预分割的超像素的数量;④相比其他的超像素分割方法,SLIC 方法在运行速度、生成超像素的紧凑度、轮廓保持方面都比较理想。

2.4.2 基于地理学第一定律约束的区域扩展

2.4.2.1 地理学第一定律

地理学第一定律(Tobler's First Law of Geography,TFL)是美国地理学家 Waldo Tobler 提出的,其内涵为"任何事物都相关,相近的事物关联更紧密"。TFL 是 20 世纪 60 年代定量革命的产物,也是将地理学转变为规范科学的努力。随着定量革命的发展,它在很

大程度上被忽视了,但因地理信息科学的发展而受到重视,TFL 为当前 GIS 的设计和所支持的空间分析提供了一个非常有用的原则。地理学第一定律表明了地理对象或属性在空间分布上互为相关,存在集聚(Clustering)、随机(Random)和规则(Regularity)三种分布。

如今地理学的广泛应用为 TFL 的现实意义提供了多种视角(Rousset et al.,2014)。遥感图像是根据特定地物目标在地面上的辐射度获得的,当一幅图像被分割成图斑时,这些图斑在空间域和光谱域是相关的。因此,地理学第一定律可以应用于遥感图像分析。

为了提取基于 TFL 的图像空间特征,有必要定量测量分割图斑之间和图斑内像素之间的相关性。莫兰指数(Moran's Index,MI)是表示空间相关性的一个指数,是专门描述空间自相关度量的常用指标。针对一个特定区域:当 MI 值大于 0 时,表示数据呈现空间正相关,其值越大空间相关性越明显;当 MI 值小于 0 时,表示数据呈现空间负相关,其值越小空间差异越大;当 MI 值为 0 时,则空间呈现随机性(Li et al.,2007)。分割得到的图斑对象 O 的 MI 值的计算在下面的公式中给出:

$$\mathrm{MI}_O = \frac{1}{n} \sum_{b=1}^{b=n} I_O^b \tag{2-37}$$

$$I_O^b = \frac{N}{\sum_{i,j} w_{ij}} \cdot \frac{\sum_{i,j} w_{ij}(x_i^b - \overline{x^b})(x_j^b - \overline{x^b})}{\sum_i (x_i^b - \overline{x^b})^2}, \quad i=1,2,\cdots,N, j=1,2,\cdots,N$$

$$\tag{2-38}$$

式中:b 是图像的波段索引;n 是波段总数;N 是对象 O 内的像素总数;x_i^b 是图斑对象 O 内波段 b 的像素值;w_{ij} 是空间权重矩阵的元素,如果 x_i 和 x_j 是邻居,那么 $w_{ij}=1$,否则 $w_{ij}=0$。$\overline{x^b}$ 是图斑对象 O 内波段 b 的像素的平均值。

引入 TFL 有两个目标:①用于高分影像的空间特征提取,并研究其可行性;②为了减少算法的数据依赖性并扩展高分影像的应用,提出了一种基于 TFL"规则约束"的自动特征提取方法,而不是传统的基于参数的特征提取方法。提出的方法与现有方法中的空间背景信息之间的一个重要区别是 TFL 被用作邻近信息描述中的"松散规则",而许多现有方法以严格的方式描述空间近邻信息。此外,该方法的"松散规则"由上下文信息而不是预设参数自适应地驱动。提出的基于"规则约束"的区域扩展算法的细节将在下面介绍。

2.4.2.2　区域扩展算法

扩展道路形状指数(Extended Road Shap Index,ERSI)的提出基于两个简单的假设:①构成道路的图斑不仅在空间上是连续的,而且在光谱上也比不属于道路的图斑更加均匀;②来自同一条道路的图斑对象通常具有非常相似的空间自相关特性。基于两个假设,TFL 中针对地理对象的距离和拓扑关系的描述被用来约束道路区域的扩展。这种组合可以更好地模拟道路的空间分布并有效地提取道路,而不管其形状或大小(例如,L 形道路或弯曲道路)。针对第一个假设,为了保证目标在空间上的连续性,可以使用具有相似 MI 值的图斑对象进行约束扩展。对于第二个假设,MI 通常用于测量一个图斑内像素的自相关性,即不确定道路区域的扩张应该由 TFL 和道路本身驱动,而不是参数约束。

根据影像分割结果可知,道路目标由一组相关道路图斑集合组成,因此可以从该集合中的一个图斑扩张来获取整个道路区域。然而,道路的形状和大小在空间域上是不确定的,分割所得的图斑可能在光谱上和同质性上发生变化。因此,很难用一个确定的参数来约束场景中各道路的扩展。规则中符号的解释及其相关算法见表 2-1。

表 2-1 规则中符号的解释及其相关算法

符　号	符号解释
O_C	中心图斑
O_S	周围图斑
$\bar{m}(O_C)$	O_C 的像素平均值
$\bar{m}(O_S)$	O_S 的像素平均值
$\delta(O_C)$	O_C 图斑内像素值的标准偏差
O_C^+, O_S^+, O_R^+	"+"表示莫兰指数(MI)的值对于图斑是正的。例如,O_R^+ 意味着 MI 的值对于探索的区域是正的(区域由扩展中的探索图斑生成)

对于一个特定中心,图斑 O_C 的扩展是以寻找满足以下规则的周围图斑 O_S 的方式进行的。围绕 O_C 的每个扩展都是一个迭代,根据 O_C 和 O_S 之间的关系是否满足以下约束规则而终止。

规则 R1:O_C 和 O_S 在拓扑中直接或间接地相互接触。"间接"意味着通过 O_S 和 O_C 之间的先前扩展建立了连接,但没有直接接触。

规则 R2:$\bar{m}(O_S)$ 在 $[\bar{m}(O_C)-\delta(O_C),\ \bar{m}(O_C)+\delta(O_C)]$ 的范围内。

规则 R3:O_S 应满足约束 $O_C^+\cup O_S^+=O_R^+$ 或 $O_C^-\cup O_S^-=O_R^-$,即不仅 O_S 和 O_C 都具有正的或负的 MI 值,而且由扩展对象构建的探索区域 O_R 应该与其候选图斑 O_S 共同实现正的或负的 MI 值。

图斑区域扩展的算法步骤见表 2-2。

表 2-2 图斑区域扩展的算法步骤

算法 1:图斑区域扩展算法

输入:一个分割的影像图斑 O_C

输出:O_R:包围 O_C 的一组对象集

(1)初始化步骤,将 O_C 添加到 O_R 中;

(2)将拓扑中与 O_C 接触的图斑收集在容器 O_{Con} 中,其中 $O_{Con}=\{O_1,O_2,O_3,\cdots,O_T\}$;

(3)基于图斑 O_C 的光谱均值构建特征向量 V_c,并用同样的方法计算 O_{Con} 中的每个图斑对象的特征向量 $V_k(1\leqslant k\leqslant T)$。比较 V_c 和 V_k 之间的光谱距离,并从 O_{Con} 中选择距离最近的邻接图斑 O_S;

(4)将 O_S 和 O_C 对比,如果 O_S 和 O_C 满足约束规则 R1,R2 和 R3,则 O_S 被接受为与 O_C 属于"相同目标源"的图斑对象;

(5)将 O_S 添加到 O_R 中,同时,O_S 替换 O_C 进行下一步的扩展探索;

(6)从步骤(1)到步骤(5)是迭代过程,当不满足 3 个约束规则中的任何一个时,迭代扩展终止并返回 O_R。

图 2-8 展示了标号为 30 的中心图斑的区域扩展过程。需要注意的是:①在每次迭代中,对 O_C 的替换仅在空间域中发生。O_C 的初始属性,包括其均值和标准差,在步骤(3)和约束规则(R2 和 R3)中保持不变。②根据 TFL,选择中心图斑邻域内与其光谱距离最近的图斑对象作为下一个用于迭代的中心图斑,其光谱距离由式(2-39)确定。这是为了确保被探索的图斑对象在属性(要素)域中生成与中心图斑对象 O_C 类似的特征,但在空间域中逐个扩展。例如,在图 2-8 中,O_{30} 被突出显示为中心对象,并且很容易看出,使用提出的算法可以逐个对象地提取目标区域。

$$\Delta D = \| v_O - v_s \| \tag{2-39}$$

式中:ΔD 是两个向量 v_O 和 v_s 之间的距离;v_O 是图斑对象 O 的特征向量,$v_O = \{\overline{m}_O^{b1}, \overline{m}_O^{b2}, \cdots, \overline{m}_O^{bn}\}$,$n$ 为遥感影像波段数,$\overline{m}_O^{bn}$ 是图斑对象 O 内第 n 波段的像素的平均值;$v_s = \{\overline{m}_s^{b1}, \overline{m}_s^{b2}, \cdots, \overline{m}_s^{bn}\}$。

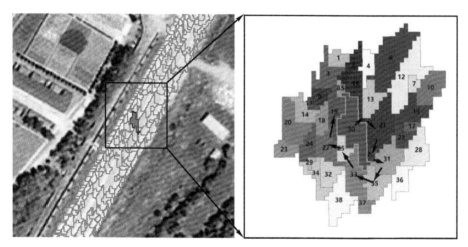

图 2-8　基于规则约束的扩展示例

图 2-8 中,突出显示的标号为 30 的图斑是中心对象,30→15→21→26→31→35→33→25→27→19 是扩展顺序,用箭头表示。

分割所得矢量图斑以遥感影像各波段内像素的平均值为结果导出为矢量图形文件。通过提出的算法计算得到的矢量图层和遥感栅格图像叠加在一起用于接下来的基于扩展区域的空间特征提取中。

2.4.3　基于扩展区域的空间特征提取

当围绕中心图斑对象的扩展迭代终止时,输出一组均匀且空间连续的区域 O_R。为了描述由这些图斑对象组成的区域 O_R 的空间特征,鉴于形状和宽度对于区分道路和建筑物对象很关键,因此使用基于骨架的对象线性指数(Skeleton-based Object Linearity Index,SOLI)和平均道路宽度(Average Road Width,ARW)作为扩展道路区域的形状指数特征

(Maboudi et al.，2016)，它们的计算公式为

$$\mathrm{SOLI_R} = \frac{L_R^2}{A_R} \tag{2-40}$$

$$\mathrm{ARW_R} = \frac{A_R}{L_R} \tag{2-41}$$

式中：A_R 是区域 O_R 的面积；L_R 是使用形态骨架化提取的区域骨架的长度。一个图斑对象的骨架长度是主骨架线的长度，骨架的末端部分被改进[见图 2-9(c)]，为了去除骨架的末端分叉，采用形态学腐蚀运算，处理时间的参数设置为对象的最大距离值的两倍。$\mathrm{ARW_R}$ 是区域 O_R 的平均宽度。

对比目前的一些其他道路形状指数，比如矩形线性特征指数（LFI）（Miao et al.，2013)，使用外接矩形的对角线长度 d [见图 2-9(a)]代替道路长度 L；椭圆线性特征指数 LFIe（Cheng et al.，2016)，使用外接椭圆的长短轴之比 L_e/W_e [见图 2-9(b)]描述道路的线性程度；SOLI 指数通过骨架法测量物体的长度，从而得到比较接近物体实际长度的近似值。

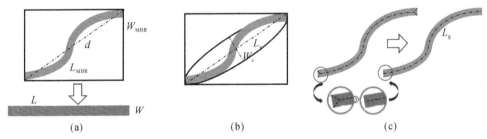

图 2-9　基于骨架的对象线性指数（SOLI）与 LFI 和 LFIe 的比较
(a)LFI；(b)LFIe；(c)SOLI

实验结果证实，SOLI 指数优于 LFI 和 LFIe，特别是对于弯曲或分支区域。在图 2-10 中，描绘了一些实例，这些实例说明了对于不同的道路对象，使用 SOLI 计算的长宽比近似接近现实。

考虑到不同线性指数的定义（见图 2-9)，很明显所有指数都能正确地测量，如图 2-10(a)中所示矩形物体的线性度。然而，LFI 指数低估了图 2-10(b)(c)中物体的线性度。这是因为最小边界框的对角线不是这些物体长度的良好近似值。此外，这种低估会导致过高估计对象的宽度（保持面积不变），从而放大了计算对象线性度时的总体误差。使用椭圆长短轴计算的 LFIe 指数也不适用于弯曲和分支对象。在大多数情况下，椭圆的长轴小于弯曲和分支对象的实际长度，短轴大于这些对象的实际宽度。通过主骨架线的长度来估计图斑对象长度的 SOLI 指数可以有效地量化这些弯曲和分支道路的线性度。

通过提出的算法 1 扫描和处理每个图斑对象。然后，自动提取两个空间特征 SOLI 和 ARW，以补充用于道路提取的光谱特征。

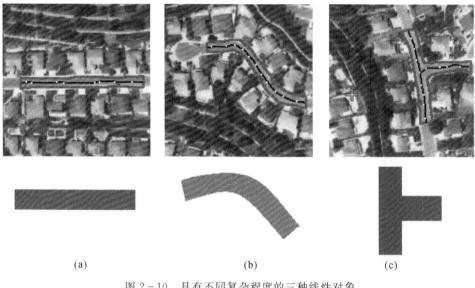

（a）　　　　　　　　　　（b）　　　　　　　　　　（c）

图 2 - 10　具有不同复杂程度的三种线性对象
（a）矩形对象；（b）弯曲物体；（c）分支对象

2.5　本章小结

　　本章首先对高分影像中的道路特征进行了汇总和分析，然后针对高分影像道路提取预处理阶段的道路特征增强，从空间特征增强和光谱特征增强两个角度进行了论述，分别提出了新的道路特征增强方法。

　　（1）光谱特征增强方面，提出了两种方法：基于边缘约束的多特征融合模型和基于颜色空间变换的方法。其中前者适用于道路阴影遮挡的区域，后者适用于道路材料变化的区域。

　　（2）空间特征增强方面，提出了基于 TFL 的扩展道路形状指数特征。该特征的提取方法是自动的，不需要任何参数，从而减少了对数据的依赖性，并有望在高分影像分类和目标提取中得到更多的应用。值得注意的是，"自动"是指道路形状指数计算过程中的区域扩展是自动的（不包括影像分割和监督分类）。

第3章 基于光谱特征增强的道路提取

针对高分影像中道路阴影遮挡和材料变化导致的道路提取准确率低的问题,首先将第2章所提出的道路光谱特征增强方法用于高分影像的道路提取中以便获得更准确的道路概率估计结果,然后使用快速行进算法对道路种子点进行连接完成道路中心线的提取。

3.1 引　　言

在高分影像中,道路可能出于种种原因而出现或大或小的空洞或者断裂。同时,道路是一种具有多尺度特征的空间对象,不同级别的道路在尺度上具有明显的差异性。从平直、清晰的道路段到蜿蜒的且部分被遮蔽的道路段(如山区的公路),从城区稠密的道路网到农村、山区稀疏的道路网,从水泥混凝土路面到柏油路面甚至沙土积水路面等,都有很明显的特征差异。此外,停车场、池塘、河流、建筑物顶部等所产生的与道路类似的几何特征的存在也给道路的提取加大了难度。

对于高分影像来说,道路光谱异质性具体表现在两个方面:一是由于阴影遮挡导致的道路光谱特征变异;二是由于道路铺设材料的不同导致的道路光谱异质性增大。

针对第一个问题,基于图像分割或机器学习的方法比基于道路种子点的方法更有效率但不准确,后者虽然效率较低但提取结果更准确。因此,针对在阴影遮挡情况下的道路提取准确率低的问题,使用第2章提出的基于边缘约束的加权融合模型来抑制高分影像中的阴影遮挡的影响,达到增强道路光谱特征的目的,进而提高阴影遮挡地区道路提取的准确率。针对半自动道路提取的低效率问题,提出使用快速行进算法对道路种子点进行追踪。快速行进算法是计算机视觉领域的研究热点,该方法依赖于对图像中的丰富信息进行编码的局部度量来解决两个选定点之间的连接问题,用在遥感影像的道路提取中可以减少道路种子点的使用数量,提高道路提取的效率(Peyré et al.,2010)。实验表明,所提出的方法能够实现在道路阴影遮挡路段完成高质量的道路中心线提取,并且在处理复杂道路场景(例如 S 形、U 形和阴影遮挡的道路)时显示出了比较高的泛化能力。

针对第二个问题,目前的基于种子点的道路提取方法都无法解决不同道路材料下的道路连接问题。特别地,快速行进算法虽然在道路连接方面有一定的优势,但是也不适用于材料发生变化的道路。同时,基于快速行进算法提取的道路中心线容易偏离道路中心,仍有较大的精度提高空间。基于以上的分析,针对道路材料变化的问题,使用第 2 章提出的高分影像的颜色空间变换的方法对道路光谱特征进行增强,然后再基于快速行进算法进行道路提取,其目的是为道路材料变化导致的道路提取失效的问题提供一种新的思路。

3.2　基于快速行进算法的道路种子点连接

3.2.1　道路曲线模型

对于二维图像,设 $\Omega = [0,1]^2$ 表示图像域,$s(t):[0,1] \to \Omega$ 表示图像 I 上的平滑曲线,其中 t 是曲线的参数。假设 x_0 和 x_1 是 $s(t)$ 的起点和终点,可以表示为

$$\{s(t):[0,1] \to \Omega \setminus s(0) = x_0 \text{ 且 } s(1) = x_1\} \quad (3-1)$$

假设 $L(s)$ 是曲线 $s(t)$ 的加权长度,可以用积分法计算 $L(s)$ 为

$$L(s) = \int_0^1 W[s(t)] \parallel s'(t) \parallel dt \quad (3-2)$$

式中:$W(\cdot)$ 是权函数;$s'(t) \in \mathbf{R}^2$ 是 $s(t)$ 的导数。

本研究假设道路可以近似建模为具有恒定灰度值 $c \in \mathbf{R}$ 的平滑曲线。基于该道路模型假设,权重函数 $W(x)$ 可以定义为

$$W(x) = |I(x) - c| + \varepsilon \quad (3-3)$$

式中:ε 是保证 $W(x)$ 不为零的一个较小的数值(例如,$\varepsilon = 0.01$)。在本研究中,常数值 c 固定于 $I(x_0)$。连接 x_0 和 x_1 的道路被视为在 x_0 和 x_1 之间所有可能的曲线之间具有最小长度的曲线 s^*,即

$$s^* = \min_{s \in (x_0, x_1)} L(s) \quad (3-4)$$

3.2.2　道路种子点连接

对于给定图像 I 和两个道路种子点 p_1 和 p_2,若要使用快速行进算法连接道路种子点,则需要先计算道路势能图 P,计算公式为

$$P(x) = 1/\hat{p}_r(x) \quad (3-5)$$

式中:$\hat{p}_r(x)$ 为图像中每个像素属于道路的概率估计,其值越大,表示属于道路的概率越大。

在道路势能图上的道路类像素的势能值很小,因此在道路种子点追踪中具有很大的行进速度项。设 $S = \{s_1, s_2, \cdots, s_n\}$ 为 p_1 和 p_2 之间的路径的集合,设 l 为长度参数。道路曲线的能量项表示为

$$E(s) = P[s(l)]dl \quad (3-6)$$

将 p_1 和 p_2 之间的最短路径 s^* 表示为 C_{p_1, p_2}，此时能量项 $E(s)$ 具有全局最小值。对于图像 I 中的任何给定像素 x，它在以 p_1 为起点构建的最小能量图中的值被定义为

$$U(x) = \min\{P[s(l)]dl\}, \quad x \in I, s = C_{p_1, x} \tag{3-7}$$

式中：$U(x)$ 是 Eikonal 方程，且

$$\left.\begin{array}{l} \nabla U(x) = P(x), \quad x \in I \\ U(p_1) = 0 \end{array}\right\} \tag{3-8}$$

最小路径 $C_{p1, p2}$ 可以通过求解以下差分方程获得：

$$\left.\begin{array}{l} \dfrac{dC_{p_1, p_2}}{dl}(l) = -\nabla U[C_{p_1, p_2}(l)] \\ C_{p_1, p_2}(0) = p_2 \end{array}\right\} \tag{3-9}$$

在这里，使用快速行进算法来连接道路种子点。快速行进算法是水平集方法的一个特例，可以通过求解 Eikonal 方程的数值解的方式进行解算。

在快速行进期间，具有最短到达时间的像素被用作当前行进前沿的点，并且根据该点的最小到达时间更新其 4 个邻域点的最小到达时间。一旦循环结束，就获得图像中每个点的最终最小到达时间。然后，就可以生成连接两个种子点的道路中心线。

3.3　解决道路阴影遮挡问题的方法

3.3.1　基于边缘约束的道路阴影抑制

使用第 2 章提出的道路基于边缘约束的多特征融合模型对道路的光谱特征进行增强，得到道路光谱特征增强之后的图像，然后使用快速行进算法对标记的道路种子点进行连接，得到最终的道路中心线提取结果。

如图 3-1 所示，本书提出的方法包括 3 个主要步骤。①道路特征增强：高分影像可以非常详细地显示地面物体，并描绘物体的光谱、形状、大小和结构。然而，其光谱可能包含相当多的噪声，这可能会降低道路提取结果的可靠性。因此，应先通过引导滤波来对图像进行滤波以增强道路特征。②道路概率估计：提取 3 种道路特征，并引入基于边缘约束的加权融合模型进行多特征融合和道路概率估计。③种子点连接：利用快速行进算法连接道路种子点生成道路网。为了测试所提出的方法的准确性和效率，将本书提出的方法与其他先进的道路中心线提取方法的性能进行比较。

3.3.2　实验与分析

本小节通过对 8 幅高分影像的道路中心线提取实验，采用 4 种精度指标来评价不同方

法的性能:①完整度= TP/(TP+FN);②正确度= TP/(TP+FP);③质量= TP/(TP+
FP+FN),其中 TP、FN、FP 分别为真阳性、假阴性、假阳性;④种子点数。通过人工解译和
手工绘制的方法生成参考道路数据,缓冲区宽度设置为 4 个像素。通过实验对比和分析,验
证本书提出的方法在阴影遮挡区域道路中心线提取中的有效性和适应性。

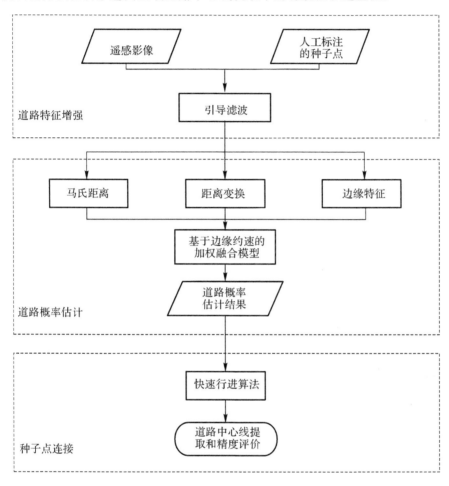

图 3-1　方法流程图

3.3.2.1　参数选择

基于边缘约束的加权融合模型中参数 α、β 和 λ 对多特征融合的效果以及最终的道路提
取精度有重要影响。为了评估这些参数对道路提取性能的影响,对多幅卫星图像进行了测
试,首先将 3 个参数的值设置为 0~1,间隔为 0.075,然后评估不同参数选择情况下道路提
取质量指标的变化,并作为参数选择的依据。

如图 3-2(a)所示,当 α 的值较小时,道路提取的质量低于 5%。然而,当 α 的值超过
0.15 时,道路提取的质量突然提高,并保持在大约 90% 的提取质量。这一结果表明光谱信
息在融合模型中起主导作用。

参数 β 的值与识别质量成正比,如图 3-2(b)所示。因此,增加道路中心线概率特征的权重可以提高提取精度。

图 3-2(c)显示了边缘约束的影响与提取质量不成比例。如果参数 λ 的值太小或太大,识别率会降低。当 λ 约为 0.4 时,本书提出的方法产生了比较好的提取结果。

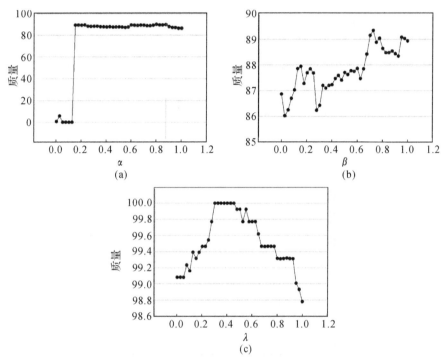

图 3-2 在不同的 α、β 和 λ 值下,本书提出的方法在 QuickBird 图像上的提取质量关系
(a)质量与 α;(b)质量与 β;(c)质量与 λ

3.3.2.2 实验 1

实验 1 旨在测试边缘约束在本书提出的方法中的作用。实验使用了两幅高分影像,如图 3-3 所示。第一幅遥感影像的空间分辨率为 0.3 m/像素、空间尺寸为 400 像素×400 像素的航空图像,下载自计算机视觉实验室。第二幅遥感影像的空间分辨率为 0.6 m/像素,空间尺寸为 512 像素×512 像素。它由 QuickBird 卫星采集,实验数据从 VPLab 网站(http://www.cse.iitm.ac.in/~vplab/satellite.html)下载。首先需要用户标记两个道路种子点,然后通过所提出的有边缘约束的方法和无边缘约束的方法提取道路中心线。本书提出的方法的参数为 $T=0.2$,$\alpha=0.9$,$\beta=0.7$,$\lambda=0.5$。

选取两幅遥感图像来测试边缘约束对道路中心线提取的影响,结果如图 3-3 所示。与没有边缘约束的方法相比,使用边缘约束的方法提供了更准确的道路中心线提取结果。从图 3-3 中可以看出,使用无边缘约束的方法获得的结果容易偏离真实的道路中心线,而使用有边缘约束的方法获得的结果能够保持道路中心线更居中。本书提出的使用边缘约束的方法比其他方法更精确源于以下两个原因:首先,边缘特征计算和距离变换可以提供道路的脊线;其次,快速行进算法可以沿着脊线追踪道路中心线。如图 3-3 所示,通过对提取结果的目视对比说明了本书提出的方法在道路中心线提取方面的优势。

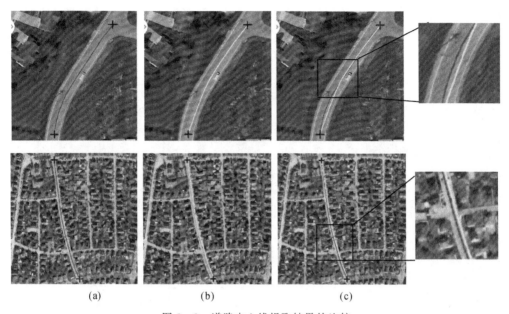

图 3-3　道路中心线提取结果的比较

(a)实线表示用边缘约束获得的结果;(b)虚线表示没有边缘约束的结果;(c)两种结果的叠加

3.3.2.3　实验 2

实验 2 旨在评估本书提出的方法在提取 U 形道路的中心线方面的表现。实验 2 中采用了两幅显示 U 形道路的高分影像,如图 3-4 所示。图像的分辨率为 0.6 m。为了确保公平比较,将本书提出的方法与 Hu 等人(2004)的方法(下文记作方法 1)和 Miao 等人(2014)的方法(下文记作方法 2)进行了比较,因为方法 1 和方法 2 也同样依赖用户选择的种子点。这里使用 U 形道路两端的端点作为道路提取的种子点。如果两个种子点未能提供正确的道路提取结果,会添加一些中间点以确保道路提取结果的完整性。通过试错法确定每个实验的最佳参数。这些方法的参数如下:①在方法 1 中,边缘模板的窗口大小设置为 $h = 5$;②在方法 2 中,阈值参数设定为 $T = 0.002$;③在本书提出的方法中,参数设定为 $T=0.2$,$\alpha = 0.9, \beta = 0.9, \lambda = 0.4$。

所使用的遥感图像具有 400 像素×400 像素的空间尺寸,如图 3-4(a)所示。这两幅图像也是从计算机视觉实验室下载的,它们的空间分辨率为 0.6 m,显示的区域主要由植被、道路和建筑物覆盖。

图 3-4 所示为道路光谱特征增强的结果,从图中可以看出,经过道路光谱特征增强后得到的道路概率图相比直接计算的道路光谱特征噪声更少,道路区域更平滑。图 3-5 比较了 3 种方法的结果。从图 3-5 中可以看出,3 种方法都提取了符合预期的道路中心线。与方法 1 相比,方法 2 和本书提出的方法的性能随着道路种子点的数量而提高。然而,与方法 1 和方法 2 相比,本书提出的方法对两幅图像都提供了更好的结果。

表3-1显示了3种方法的定量评估结果。在3种测试方法中,本书提出的方法在两种情况下都获得了最高的质量值,这些值与图3-5所示的提取结果一致。尽管方法1准确提取了中心线,但与其他两种方法相比,它消耗了更多的道路种子点,因为从S形或U形路段提取中心线时,方法1需要更多的中间道路种子点。相比之下,本书提出的方法仅用两个道路种子点就可以从S形或U形道路中准确提取中心线。

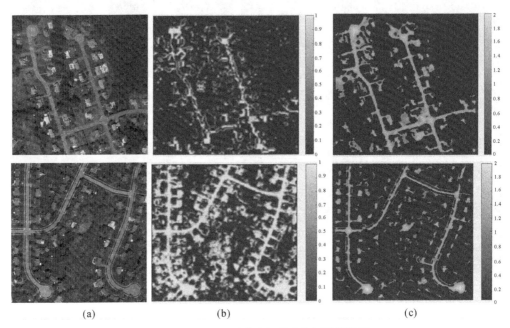

(a)   (b)   (c)

图3-4　针对U形道路的道路特征增强结果

(a)原始遥感影像;(b)道路光谱特征,其中颜色越深表示属于道路的概率越大;(c)多特征融合后的道路特征

表3-1　三种半自动道路中心线提取方法的比较

	方法1	方法2	本书提出的方法
实验1			
完整度/(%)	89.76	83.26	90.95
正确度/(%)	93.54	84.04	94.93
质量/(%)	85.34	79.78	85.91
种子点数	8	2	2
实验2			
完整度/(%)	96.68	97.81	99.82
正确度/(%)	97.47	98.67	99.91
质量/(%)	94.32	96.54	99.73
种子点数	9	2	2

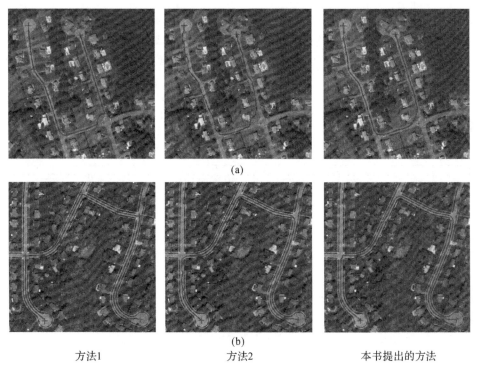

(a)

(b)

方法1   方法2   本书提出的方法

图 3 - 5 两个 U 形道路提取案例

(a)案例 1;(b)案例 2

3.3.2.4 实验 3

实验 3 旨在研究本书提出的方法的准确性和效率。该实验采用具有高空间分辨率的卫星图像并具有两个目标。首先,类似于实验 1,它旨在测试本书提出的方法的效率。其次,它旨在验证本书提出的方法对包含阴影道路的中心线提取的鲁棒性。将本书提出的方法与方法 1 和方法 2 进行了比较。每种方法的参数细节如下:①在方法 1 中,步进边缘模板的窗口大小设置为 $h = 5$;②在方法 2 中,阈值参数设定为 $T = 0.002$;③在本书提出的方法中,参数根据道路的阴影遮挡情况而变化。当道路没有阴影时,参数设定为 $T = 0.2, \alpha = 0.9, \beta = 0.9, \lambda = 0.4$;当道路被遮蔽时,参数设定为 $T = 0.2, \alpha = 0.5, \beta = 0.5, \lambda = 0.05$。

这个实验的实施遵循以下两个原则:

(1)对于所有方法,尽可能少地选取种子点,在保证完整性的前提下提高道路提取效率;

(2)对于遮挡的道路区域,尽可能选择不被阴影或汽车遮挡的道路种子点,以保证道路提取的准确性。

实验所使用的第一幅 IKONOS 遥感影像如图 3 - 6 所示,其空间尺寸为 3 500 像素×3 500 像素,空间分辨率为 1 m/像素,显示了澳大利亚霍巴特的一个区域。该图像包含了不同类型的噪声,例如车辆遮挡、非常弯曲的道路和建筑物阴影等。

第二幅 QuickBird 图像展示了香港的一个地区。它包含一个空间分辨率为 0.6 m/像素的全色波段,尺寸为 1 200 像素×1 600 像素。这幅影像包含了复杂的道路景观信息,例如道路材料变化、车辆堵塞和悬垂树木。

1. IKONOS 影像实验

提取结果如图 3-6 所示,从中可以看出所提出的方法提取了大部分路段,并取得了令人满意的结果。表 3-2 显示了 3 种方法的定量评价统计结果。表 3-2 中显示的结果表明,这 3 种方法均成功地提取了相对完整的道路中心线,提取质量相对较高。然而,本书提出的方法的效率优于方法 1 和方法 2。例如,在所有 3 种测试方法中,本书提出的方法使用最少的种子点。

表 3-2   不同提取方法的定量评价

	方法 1	方法 2	本书提出的方法
实验 3：IKONOS 图像			
完整度/(%)	96.24	97.94	98.39
正确度/(%)	96.99	97.07	97.83
质量/(%)	93.45	95.13	96.30
种子点数	442	279	264
实验 3：QuickBird 图像			
完整度/(%)	94.91	90.80	95.58
正确度/(%)	95.16	93.57	97.82
质量/(%)	90.54	85.47	93.60
种子点数	8	8	5

鉴于方法 1 中抛物线参数的解严重依赖于双边缘的辐射特征,这种方法在从边缘不清晰的图像中提取特征时会遇到问题。具体来说,如果道路边界不清楚,方法 1 将不能提供期望的结果。方法 2 利用测地线连接道路种子点。然而,它的性能受到道路遮挡的影响。本书提出的方法在所有测试方法中实现了最高质量值,表明它实现了道路提取质量和种子点消耗之间的最佳平衡。虽然方法 1 可以提取相对完整的中心线,但其质量值低于本书所提出的方法,因为通过方法 1 获得的结果容易偏离真实的道路中心线,而通过本书提出的方法获得的结果更接近于地面真值。

图 3-6   本书提出的方法在 IKONOS 图像上的道路提取结果

2. QuickBird 影像实验

图 3-7 显示方法 2 不能有效地处理图像中的突然变化,例如道路交叉口和道路材料的突然变化或合并。这种限制归因于该方法需要一个中间步骤来测量初始道路中心线概率,该初始道路中心线概率是基于种子点位置信息从二值道路图像中计算出来的。如果种子点之间的路段被阴影或车辆遮挡,那么方法 2 就无法提取预期的道路中心线。相比之下,本书提出的方法利用边缘特征和边缘曲率来减少道路上阴影和车辆的影响。方法 1 的性能与所提出的方法相当,然而,本书提出的方法所需道路种子点的个数少于方法 1。

表 3-2 显示了 3 种方法的定量评估结果,从表中可以看出,与其他两种方法相比,尽管本书提出的方法使用较少的种子点,但它的提取结果具有更高的完整度、正确度和质量值,这个统计结果与图 3-7 所示的提取结果一致。实验结果表明,本书提出的方法对噪声具有很强的鲁棒性,在高分影像道路提取中具有很大的应用潜力。

方法1　　　　　　　　方法2　　　　　　　本书提出的方法

图 3-7　不同道路提取方法对 QuickBird 图像的提取结果对比

3. 计算成本分析

本节讨论了本书提出方法的计算成本。所有实验均在具有 3.1 GHz Pentium 双核中央处理器和 8 GB 内存的个人计算机上进行。每个实验重复 5 次,表 3-3 给出了在 IKONOS 和 QuickBird 卫星影像上的平均运行时间和种子点数量。与其他两种方法相比,本书提出的方法获得了正确的道路提取结果,并且消耗的计算时间更少。根据这一分析,在不考虑种子点的数量和位置的情况下,基于本书提出的方法的道路提取效率最高,从而为从遥感图像中提取道路中心线的实际应用提供了一种有效的解决方案。

表 3-3　不同提取方法的计算成本(不考虑种子点数量和位置)

	方法 1	方法 2	本书提出的方法
实验 3:IKONOS 影像(尺寸:3 500 像素×3 500 像素)			
时间/s	1 643	1 307	1 273
种子点数	442	279	264
实验 3:QuickBird 影像(尺寸:1 200 像素×1 600 像素)			
时间/s	40	43	29
种子点数	8	8	5

3.3.2.5 实验 4

实验 4 旨在测试使用相同种子点的情况下不同方法的道路提取效率和准确性,分别使用了一幅 Worldview－2 彩色图像和一幅 IKONOS 灰度图像。其中,Worldview－2 彩色图像的空间尺寸为 3 000 像素×3 000 像素,空间分辨率为 2 m/像素,如图 3－8 所示。这幅影像显示了中国深圳的一个区域,覆盖了各种不同材料的道路。该图像还包括几种类型的噪声,如斑马线、交通标线和收费站。

IKONOS 图像是一幅灰度影像如图 3－10 所示,空间尺寸为 725 像素×1 018 像素,空间分辨率为 1 m/像素。这幅影像是由 IKONOS 卫星采集的,显示了澳大利亚霍巴特的一个区域,其中展示了几种路面情况,如悬垂树木、车辆遮挡和大曲率道路。

本实验有两个目的:一是在使用相同数量和位置的种子点的条件下验证不同方法的提取效率和准确度;二是验证本书提出的方法对不同颜色模式的图像(彩色图像和灰度图像)的鲁棒性。为确保公平性,这两组实验的种子点是通过人工标记的方法提前获得的。另外,在采用不同方法进行实验时,应根据相同的人工种子点的采集顺序进行道路提取。方法 1 和方法 2 在这里用于和本书提出的方法进行比较。这些实验中使用的参数与实验 3 中使用的参数相同。

1. WorldView－2 影像实验

从图 3－8 可以看出,本书提出的方法可以在大范围的高分影像中可靠、准确地提取道路中心线。图 3－9 依次为不同提取方法的局部道路对比图。总体来说,3 种方法都能取得满意的效果。

从图 3－9(a)的对比可以看出,本书提出的方法和方法 1 在遇到收费站时均具有良好的抗噪性能,与方法 2 相比,前两者提取的道路中心线更靠近道路中心,导致这种差异的原因是方法 2 只考虑了道路的光谱特征,而本书提出的方法和方法 1 不仅考虑了道路的光谱特征,而且结合了道路的边缘特征。

由图 3－9(b)可知,在道路材料变化较大的路段,3 种方法均能提取出道路中心线。然而,通过对比可以看出,采用本书提出的方法提取的道路中心线是平滑的,该方法在道路曲率较大的路段可以保持较高的精度。

图 3－9(c)显示了 3 种方法在道路交叉口附近提取道路的差异,从图中可以看出,本书提出的方法和方法 1 提取的道路中心线较为平滑,而方法 2 提取的道路中心线容易受到道路上车辆的影响,在车辆密集区域提取结果不够平滑。

图 3－9(d)为阴影遮挡情况下不同方法的结果,通过对比可知,方法 1 的提取结果相对平滑,因为该方法采用分段抛物模型,可以得到较为平滑的曲线。但从图中也可以看出,该方法获取的道路中心线很容易发生偏移。方法 2 由于受到阴影和车辆的影响,导致提取的结果不平滑。本书提出的方法取得了较为均衡的性能,在路面平整度和精度上均优于对比的方法 1 和方法 2。

表 3－4 的统计结果也与图 3－9 的提取结果一致。从表 3－4 可以看出,在使用相同数量和位置的道路种子点的情况下,本书提出的方法在完整度、正确度和质量方面均表现良好。

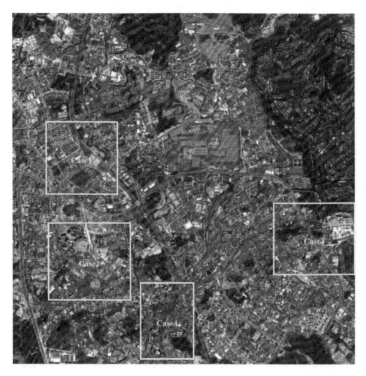

图 3-8 本书提出的方法在 WorldView-2 图像上的道路提取结果

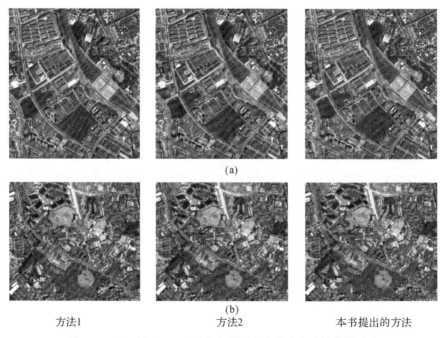

(a)

(b)

方法1 方法2 本书提出的方法

图 3-9 WorldView-2 图像上不同道路提取方法的结果对比

(a)案例 1;(b)案例 2

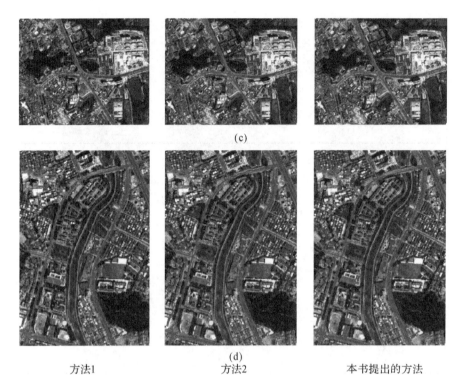

方法1　　　　　　　　　　　方法2　　　　　　　　本书提出的方法

续图 3 - 9　WorldView - 2 图像上不同道路提取方法的结果对比

(c)案例 3；(d)案例 4

表 3 - 4　不同提取方法的定量评价

	方法 1	方法 2	本书提出的方法
实验 4：WorldView - 2 影像			
完整度/%	95.63	94.01	97.56
正确度/%	95.25	92.03	96.84
质量/%	91.28	86.94	94.55
种子点数	249	249	249
实验 4：IKONOS 影像			
完整度/%	93.16	91.28	92.58
正确度/%	86.01	88.62	90.29
质量/%	80.90	81.71	84.20
种子点数	67	67	67

2. IKONOS 灰度影像实验

图 3 - 10 显示了使用 3 种不同方法从 IKONOS 灰度遥感影像中提取的道路中心线结果。从图中可以看出，所有道路都可以通过 3 种方法完全提取。由方法 1 提取的道路中心

线是最平滑的,但是它使用的分段抛物线模型的局限性导致在道路曲率变化较大的区域中提取的结果倾向于偏离道路中心。方法 2 和本书提出的方法可以避免这个问题。与方法 2 (仅考虑道路的光谱特征)相比,本书提出的方法(融合了边缘特征和光谱特征,从而在一定程度上克服了阴影所带来光谱变化对道路提取结果的影响)在阴影和植被遮挡区域表现得更好。

从表 3-4 中的统计结果可以看出,当使用相同数量和位置的道路种子点时,这 3 种方法的提取完整度都很高。但是,本书提出的方法在提取正确度指标方面实现了最佳性能。同样,本书提出的方法展示了最好的质量。

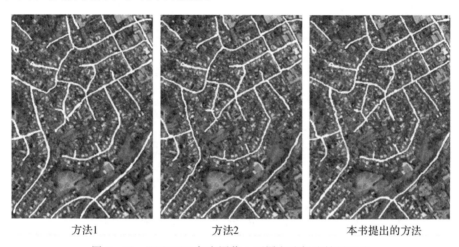

方法1　　　　　方法2　　　　本书提出的方法

图 3-10　IKONOS 灰度图像上不同方法提取结果对比

3. 种子点的数量和位置分析

在实验 3 中,采用了通过多次提取获得最高提取质量的策略,而不管种子点的数量和位置,用以比较不同的方法的最优性能。从表 3-3 中可以看出,在保证提取质量的前提下,不同方法所需的种子点数量和时间有显著差异。在获得最高质量的前提下,本书提出的方法需要最少的种子点和时间。但是,种子点的位置和数量对不同的方法的提取结果有很大的影响,它们是否是影响实验结果的关键因素还需要进一步分析。

因此,在实验 4 中,为了验证种子点的数量和位置对不同方法的道路提取结果的影响,使用相同数量和位置的种子点进行对比实验。对比实验开始前,先通过人工标记获得种子点。实验结果和统计结果表明,本书提出的方法在两组实验中都产生了良好的结果。表 3-5 中的统计结果表明,当使用相同数量的种子点时,方法 2 消耗的时间最短,其次是本书提出的方法,方法 1 消耗的时间最长。这是因为方法 2 仅使用简单的光谱特征,而方法 1 使用分段抛物线模型和最小二乘模板匹配,从而增加了道路曲线的优化时间。同时,由于本书提出的方法使用了 3 个特征(光谱特征、边缘特征和道路中心线概率),因此与方法 2 相比所需时间有所增加。

对比表 3-3 和表 3-5 的数据可知,当种子点数量相近时,本书提出的方法从不同的遥感图像中提取道路所需的时间是显著不同的。这一结果与所使用图像的分辨率、面积大小和路网密度有很大关系。一般来说，遥感图像分辨率越高，面积越大，路网密度越高，提取所需的时间越长。

表 3－5　不同提取方法的计算成本（考虑种子点数量和位置）

	方法 1	方法 2	本书提出的方法
实验 4：WorldView－2 影像（尺寸：3 000 像素×3 000 像素）			
时间/s	759	621	720
种子点数	249	249	249
实验 4：IKONOS 灰度影像（尺寸：725 像素×1 018 像素）			
时间/s	108	79	97
种子点数	67	67	67

3.4　解决道路材料变化问题的方法

3.4.1　基于颜色空间变换的道路中心线提取方法

为了应对道路材料变化问题，使用第 2 章提出的基于颜色空间变换的方法对道路的光谱特征进行增强，然后使用快速行进算法对道路种子点进行追踪，图 3－11 总结了本书提出的方法的技术流程。

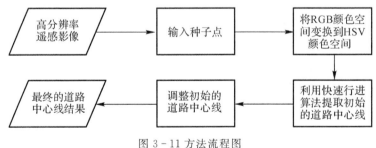

图 3－11 方法流程图

该方法由以下 3 个主要步骤组成：首先获得用户输入的种子点的位置，然后对原始遥感影像执行颜色空间变换得到道路饱和度图像；其次基于快速行进算法连接道路种子点，以连接结果作为初始道路中心线；之后以初始道路中心线为掩码，通过水平集演化方法提取围绕初始道路中心线生成道路缓冲区；最后调整初始道路中心线，生成中心路网。

图 3－12(a)显示了通过在原始 RGB 图像上使用快速行进算法连接道路种子点的示例。可以看出，由于道路材料的变化，两个种子点的灰度值非常不同。此问题使得快速行进

算法无法根据期望的空间拓扑将种子点正确地连接起来。相比之下，使用基于光谱变换产生的饱和度图像，快速行进算法能够正确地跟踪两个种子点之间的道路，如图 3-12(b)所示。此示例演示了颜色空间变换在道路材料变化情况下的道路种子点连接中的优势。尽管效率很高，但值得指出的是，快速行进算法倾向于沿着边界追踪道路，这使得所提取的道路偏离中心线[见图 3-12(c)]。也就是说，仅使用快速行进算法提取的结果并不能精确地与道路中心线重合，需要对初始道路中心线结果进行调整。

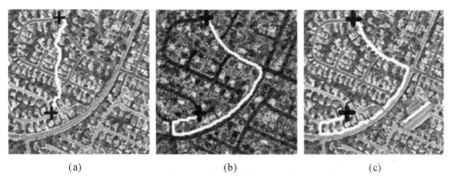

(a)　　　　　　　　　　(b)　　　　　　　　　　(c)

图 3-12　基于快速行进算法的道路提取结果示意图
(a)种子点以黑色十字表示；(b)快速行进算法连接结果以白色显示；
(c)快速行进算法连接结果和原始测试图像的叠加结果

　　这里使用核密度估计的方法对道路提取结果进行调整，图 3-13 描述了核密度估计的一个示例。道路轮廓如图 3-13(a)所示，对应的核密度估计结果如图 3-13(b)所示。如图 3-13(b)所示，道路中心线上的像素比未居中的像素具有更高的核密度估计值。在核密度估计结果图上使用快速行进方法，实现道路种子点的连接。连接结果如图 3-13(c)所示。对比图 3-12(c)和图 3-13(c)可以看出，核密度估计图上的连接结果比原始 RGB 图像上的连接结果更靠近道路中心。

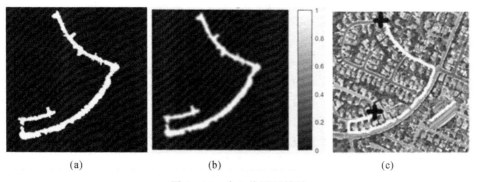

(a)　　　　　　　　　　(b)　　　　　　　　　　(c)

图 3-13　中心线调整结果
(a)由主动轮廓构建的道路缓冲区，道路类别以白色显示，而非道路类别以黑色显示；
(b)使用核密度估计得到的道路中心线概率；
(c)使用快速行进方法得到的初始道路中心线调整结果

3.4.2 实验与分析

本小节进行了 3 个实验来测试本书提出的方法性能,并将本书提出的方法与文献研究中的其他方法进行比较,以验证本书提出方法的有效性。采用的质量评价指标分别为①完整度(Completeness);②正确度(Correctness);③质量(Quality)。

实验中的地面真实数据集通过人工解译方法获得,包括道路中心线和道路面两种数据类型。如果评估道路中心线的准确性,缓冲区宽度将设置为 4 像素;如果评估路面的准确性,缓冲区宽度将设置为 0 像素。

3.4.2.1 参数选择

核密度估计中的平滑项对道路提取的精度有重要影响,为了测试平滑项对道路中心线提取精度的影响,将平滑项的值从 0.1 自动调整到 0.6,每一步增加 0.1。测试结果如图 3-14 所示。从完整度、正确度和质量 3 个精度指标对平滑值影响的性能进行了定量评价。

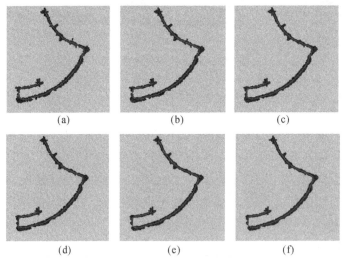

图 3-14 不同平滑值的道路中心线提取结果
(a)0.1;(b)0.2;(c)0.3;(d)0.4;(e)0.5;(f)0.6

由水平集提取的道路缓冲区中的像素以黑色显示,而相应的道路中心线以白色显示。

图 3-15 给出了不同平滑值的定量评估结果。从图中可以看出,当平滑值从 0.1 增加到 0.4 时,精度略有变化。然而,当平滑值超过 0.4 时,精度会下降。出现这种现象的原因是更大的平滑值不能产生完整的道路缓冲区,如图 3-14(e)(f)所示。因此,为了达到最佳道路提取精度,在接下来的几个实验中将平滑值固定为 0.4。

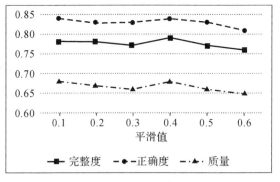

图 3-15 平滑项对精度影响的评价结果

3.4.2.2　实验1

实验1旨在测试本书提出方法的准确性和效率。为了比较的公平性,选择 Miao(2014)的方法(下文记作方法1)和 Gao(2018)的方法(下文记作方法2)作为比较方法,因为这两种方法与所提出的方法一样都需要依靠人工选择的道路种子点。在种子点数量和位置相同的情况下,分别采用3种方法进行道路中心线提取。每种方法的最佳参数都是通过试错法获得的。各方法的参数细节如下:①在方法1中,阈值参数设置为 $T = 0.005$;②在方法2中,参数设置为 $T = 0.2, \alpha = 0.9, \beta = 0.9, \lambda = 0.4$;③在本书提出的方法中,平滑项被设置为 $\lambda = 0.4$。

实验所使用的遥感影像的空间分辨率为 $0.6~\mathrm{m}/$像素,空间尺寸为939像素×580像素,显示的区域主要被植被、道路和建筑物覆盖。它是由 QuickBird 卫星收集的,并从 VPLab 网站(http://www.cse.iitm.ac.in/~vplab/satellite.html)下载,如图 3-16 所示。

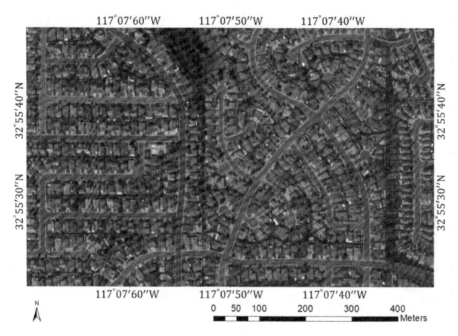

图 3-16　实验1中使用的遥感影像

在实验1中,对本书提出的方法进行了评估,并与其他方法进行了比较,包括方法1和方法2。图 3-17 展示了相应的道路提取结果。从中可以看出,这3种方法都可以生成期望的道路拓扑连接。然而,当种子点所在的道路材料不同时,方法1不能生成正确的结果。相比之下,方法2和本书提出的方法都达到了预期的拓扑连接。这说明方法2和本书提出的方法能够应对道路材料变化的挑战。

3.4.2.3　实验2

实验2旨在验证本书提出的方法在复杂城市环境(植被遮挡、密集车辆和建筑物阴影等)中的准确性和优势。在实验中使用两幅高分影像如图 3-18 和图 3-19 所示。这个实验的设计有两个目标:①类似于实验1,它旨在测试本书提出方法的效率;②验证本书提出的道路提取方法在复杂城市环境中的稳健性。选择了方法 1、方法 2 和李的方法(下文记作方法 3)作为比较方法,其中前两种方法是基于种子点的道路中心线提取方法,方法 3 是基于水平集的道路区域提取方法,该方法需要手动选择初始道路区域。通过反复试验获得每种方法的最佳参数。地面参考数据集通过人工解译的方法获得,分别采集道路中心线和道路面两种参考数据。为了确保结果比较的公平性,在评估精度时:若通过该方法提取的结果是道路中心线,则选择线状道路参考数据进行比较;若通过该方法提取的结果是道路面,则将选择面状道路参考数据用于比较。这些方法的参数设置如下:①在方法 1 中,阈值参数设定为 $T=0.002$;②在方法 2 中,参数设定为 $T=0.2, \alpha=0.7, \beta=0.7, \lambda=0.4$;③在方法 3 中,尺度参数设定为 $\sigma=0.2$,时间步长设定为 $\Delta t=20\text{ s}$;④在本书提出的方法中,平滑项设定为 $\lambda=0.4$。

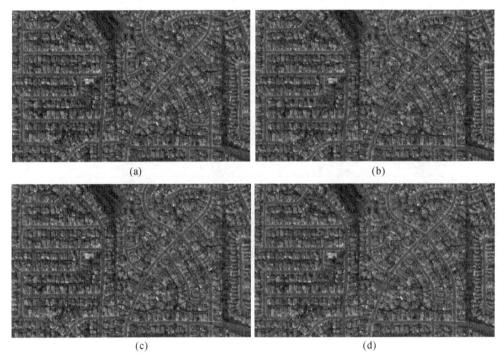

图 3-17　实验 1 的结果

(a)参考道路中心线;(b)方法 1;(c)方法 2;(d)本书提出的方法

该实验使用了两幅高分影像,其中第一幅影像如图 3-18 所示,尺寸为 3 000 像素×1 854 像素,空间分辨率为 2.5 m。它是由 SPOT-5 卫星收集的,显示了澳大利亚墨尔本市的一个区域。此图像包含不同类型的噪声,例如车辆遮挡、尖锐的道路曲线和建筑物阴影等。

图 3-19 所示的是该实验所使用的第二幅 WorldView-2 卫星遥感影像。这幅影像展示了中国深圳的一个地区。它的空间分辨率为 0.6 m,尺寸为 3 000 像素×1 854 像素。该影像包括比较复杂的路况信息,例如材料变化、车辆和树木等。

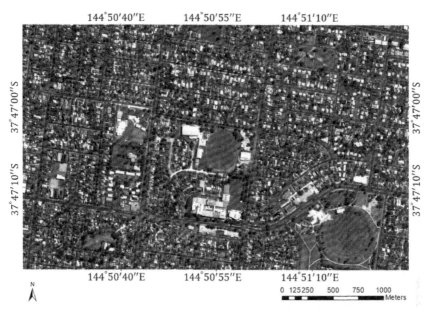

图 3-18　实验 2 中使用的 SPOT-5 影像

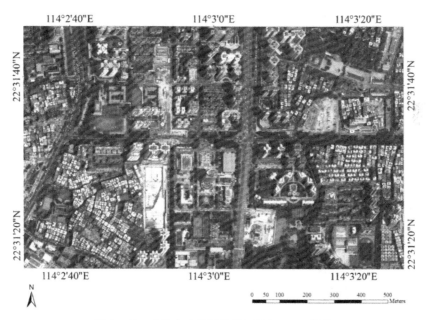

图 3-19　实验 2 中使用的 WorldView-2 影像

　　在 SPOT-5 影像实验中,将方法 1、方法 2 和方法 3 分别与本书提出的方法进行了比较。可以看出,方法 1 的提取结果存在一些遗漏和误差,主要发生在道路被大阴影阻挡时。方法 2 得到的结果具有良好的完整性,但有些道路不够平滑。利用方法 3 提取的路面存在许多误报,许多非道路区域被确定为道路区域。其原因是这个图像中地面物体的分布更复杂,道路遮挡更频繁。本书提出的方法取得了满意的结果。表3-6中的统计数据也验证了这一点。使用本书提出的方法提取的道路具有更高的准确度和提取质量,这也反映了本书提出的方法的优点。

在 WorldView-2 影像实验中,该地区高楼林立、植被茂密,且部分路段交通繁忙,这对道路提取提出了很大的挑战。从实验结果对比中可以看出,方法1提取的道路存在一定比例的遗漏,同时阴影区域以及车辆覆盖的区域提取的道路存在较多的错误。方法2提取的结果不够平滑,容易偏离道路的中心。方法3提取的道路有很多错误,主要是将道路与周围的建筑混在一起,没有任何区别。本书提出的方法得到的结果有更好的平滑性,所提取的道路中心线更接近道路的中心。表3-6中的统计数据也与图3-22所示的提取结果一致。实验结果表明,在城市建筑物密集的道路区域,由于道路环境和情况的复杂性,基于种子点的道路提取方法提取的结果比基于水平集的道路提取方法提取的结果质量更高。而同样是基于种子点的道路提取方法,本书所提出的方法比方法1提取结果更完整,进一步说明了所提出的方法在应对道路材料变化问题上的优势。相比方法2,本书所提出的方法通过使用核密度估计的方法使得道路中心线提取结果更加精确,偏离道路中心的程度更小。通过不同方法的对比,以及不同遥感影像的实验可以看出,本书提出的方法具有更强的鲁棒性和适用性。

表3-6　不同半自动道路中线提取方法的比较

方法	完整度/(%)	准确度/(%)	质量/(%)
实验1:QuickBird 影像			
方法1	88.59	83.42	75.33
方法2	92.33	88.29	82.26
本书提出的方法	91.03	90.58	83.17
实验2:SPOT-5影像			
方法1	64.15	65.01	47.68
方法2	95.17	92.70	88.53
方法3	50.60	44.89	31.21
本书提出的方法	94.54	93.34	88.57
实验2:WorldView-2影像			
方法1	73.58	77.27	60.49
方法2	88.43	83.81	75.52
方法3	51.84	15.66	13.67
本书提出的方法	87.53	85.02	75.84

根据上述讨论可以看出,本书提出的方法具有比较强的鲁棒性,分析其原因可以发现,针对不同类型的高分影像,不仅各个影像中道路的光谱特征各异,而且同一幅遥感影像中道路的光谱表现由于道路铺设材料的不同也有所区别,这对道路提取方法提出了挑战。传统

的基于机器学习的道路提取方法将整幅图像中部分区域的道路光谱特征作为训练样本进行训练,所得到的道路光谱特征差异比较大,难以完成不同材料道路的直接连接,而本书提出的方法通过引入颜色空间变换,将道路的颜色空间从 RGB 空间转换到 HSV 空间,使用光谱表现更为统一的饱和度图像作为道路特征,解决了道路材料变化导致的道路提取失败的问题,为从高分影像中准确提取道路中心线提供了一种实用的解决方案。

从另一方面说,提出的方法通过颜色空间变换将原本需要用户多次操作才能提取的道路段变为仅需要两次操作即可提取,从操作次数上减少了用户的交互,提高了半自动道路提取方法的效率,从实际体验上改善了制图员的操作体验,节省了操作时间,因而具有实际的应用推广价值。

3.4.2.4　计算成本分析

这一节讨论了所提出方法的计算成本。所有实验均在具有 3.1 GHz Pentium 双核 CPU 和 8 GB 内存的个人计算机上进行,使用 MATLAB ©(R2015a 版本)作为个人计算机上的编程环境。每个实验重复 5 次,表 3-7 给出了 3 个实验的平均运行时间和种子点数量。

对于基于种子点的道路提取算法,为了消除种子点数量和位置对算法的影响,在使用不同方法进行道路提取的过程中,使用相同数量和位置的种子点,并计算出各算法所需的时间。这些种子点是在制作参考数据的过程中以手工录入的方式获得的,统计结果见表3-7。根据统计结果,在种子点数量和位置相同的情况下,方法 1 所需时间最少,方法 2 消耗时间最多。但是,当种子点个数较小时,本书提出的方法与方法 1 所需时间差不多;当种子点个数较多时,本书提出的方法所需的时间在方法 1 和方法 2 之间。这是因为本书所提出的方法在初期需要进行颜色空间变换,而在道路种子点的连接过程中需要先根据道路种子点的初始连接线生成道路缓冲区并进行核密度估计,这一过程也较为耗时,因此,当种子点个数较多的时候相比方法 1 所需时间更长,与方法 2 相比,由于所提出的方法不需要进行多特征的计算和融合,因此所需的时间比方法 2 更短。由此可见,本章所提出的方法在运行效率和道路提取质量方面取得了比较好的平衡。

表 3-7　不同中心线提取方法的计算成本

	方法 1	方法 2	本书提出的方法
实验 1:QuickBird 影像			
时间/s	37	47	45
种子点个数	54	54	54
实验 2:SPOT-5 影像			
时间/s	988	1 567	1 324
种子点个数	455	455	455
实验 2:WorldView-2 影像			
时间/s	327	986	423
种子点个数	370	370	370

结合表 3-6 中的统计数据可以看出,在保证提取结果准确性和质量的前提下,本书提出的方法具有较高的提取效率,这是因为本书提出的方法改善了由于道路材料发生变化导致的道路提取中断问题,减少了用户的操作次数,从而在保证道路提取结果精度的同时提高了道路提取方法的效率。

3.5　本 章 小 结

针对传统的基于道路种子点的道路提取方法在道路阴影遮挡、道路材料变化的情况下不能准确地提取道路中心线的问题,本章通过引入基于边缘约束的加权融合模型来克服道路遮挡和噪声对道路提取的影响;通过颜色空间变换对道路光谱特征进行增强,使得不同材料的道路在新的颜色空间中光谱特征变得统一,从而解决了道路材料变化区域道路中心线的提取问题。

通过对 8 幅不同道路条件下(包括车辆遮挡、道路急弯、建筑阴影等)的高分影像进行了实验。根据实验结果的分析可以看出本章所提出基于边缘约束的加权融合模型具有如下的优点:

(1)边缘特征有效性。在中/低分辨率遥感图像中,遥感图像的边缘信息在提取和跟踪道路、河流等线形物体方面得到了广泛的研究和应用。本章的研究表明,边缘特征、道路中心线概率图和道路光谱特征的协同作用可以改善快速行进算法仅使用光谱特征提取道路中心线容易偏离道路中心的问题。本书提出的方法对有阴影遮挡的道路提取具有较强的鲁棒性。

(2)所需种子点数量少。当提取 S 形或 U 形道路时,本书提出的方法需要更少的道路种子点。这一特点可以加快从遥感图像中提取道路中心线的效率。

针对半自动道路提取方法在道路材料发生变化的情况道路提取失效的问题,通过实验对比分析可以看出本书提出的方法具有如下优点:

(1)通过颜色空间变换,能够在一定程度上解决道路材料变化或者光照变化导致的道路提取失败的问题。

(2)通过将核密度估计方法用于道路中心线概率的估计中,使得本书提出的方法比其他方法能产生更靠近道路中心的道路。与文献中的其他方法相比,本书提出的方法能够以较少的用户交互产生相似的提取精度。

第4章 多尺度空-谱特征联合的道路提取

高分影像中道路的形状特征各异,导致基于面向对象的道路提取方法对道路图斑的形状描述能力不足,本章将使用第2章提出的空间特征增强方法提取道路图斑的扩展道路形状指数特征,并结合多尺度协同表示和图割法完成道路面的提取工作。

4.1 引　　言

随着高分辨率成像卫星系统的出现,遥感影像获取的数量越来越大,高效、准确的图像解释和分析成为各种任务的关键要求。在这些任务中,利用高分影像进行道路提取在许多实际应用中发挥着不可或缺的作用。

在高分影像中,相邻的像素往往是由相似的材料构成,因此它们的光谱特征具有很高的相关性。对遥感影像中道路目标的识别主要取决于它与周围环境的反差大小,即光谱特征的差异。根据道路在高分影像中的分布具有带状或线状的特点,可以将道路的空间结构特征用于道路提取中。

与传统的基于像素的影像分类方法相比,基于对象的方法允许增加判别特征的集合,包括与纹理、大小、形状以及广泛理解的空间和地理背景相关的元素,且基于对象的方法通常还在很大程度上解决了传统的基于像素的分类器由所识别区域的高度异质性和所谓的统计噪声(一般是由于高空间分辨率导致的)引起的问题,因而可以提高道路提取的准确性。然而,传统的基于对象的道路提取方法在计算分割图斑的形状特征时,往往将基于单个图斑对象计算得到的面积、周长、长短轴或最小外包矩形的长宽比等作为其形状特征用于道路提取算法中。这种方法虽然能在一定程度上提高道路提取结果的精度,但是忽略了道路在空间上的延伸与空间自相关特性,即没有考虑不同道路图斑特别是空间位置相邻的道路图斑之间的关系,因此对曲线状道路比如 U 形或 S 形道路的提取结果不够准确。

针对目前道路提取方法的道路特征使用尺度单一的问题,考虑到道路在高分影像中所具有的多尺度特性,本章将道路特征扩展到多尺度上,通过多尺度分割所得遥感影像计算各尺度的道路空间特征和光谱特征,并将两者特征进行联合,然后基于多尺度协同表示方法对道路概率进行估计,最后使用图割法进行道路分割得到路面提取结果。

4.2 稀疏表示原理

随着稀疏理论的提出,稀疏表示早已被很多学者和机构当作数字影像处理及信号分析相关行业的热门进行研究。不同于传统的信号表示方法,稀疏表示包含了一个范围更加广阔的候选原子,冗余信号可以充分地表征很多的图像是其优势所在。抽样理论-压缩传感的发展引起了信号稀疏表示的研究,通常的香农采样原理被用来处理频率带宽信号,而稀疏表示则是通过信号自身的稀疏性质这一特性对其进行稀疏表达,在图像处理以及计算机视觉的很多领域里都获得了科研和具体生产上的应用。基于对稀疏表示理论的研究,计算机视觉领域针对人脸识别提出了稀疏表示分类(Sparse Representation Classification,SRC),SRC 通过训练样本与 L1 范数约束的稀疏线性组合来表示测试样本。在遥感图像中,Chen 等人(2011)采用稀疏框架对高光谱图像进行分类,取得了比较好的效果。SRC 相比于传统方法取得了较好的识别效果,尤其当样本受到随机像素污损或者有遮挡时,SRC 也能准确识别。

4.2.1 稀疏表示模型

稀疏表示模型假设同类像素近似地分布在同一个低维子空间,即一个像素可被已知字典的几个原子近似地线性联合表示。在稀疏表示模型中,需要解决测试样本 x 在重构中的稀疏表示系数 α 的计算问题。稀疏系数的稀疏度是用来衡量信号表示的强弱,也就是重构系数里的不是 0 的原子。假设已知字典 D 由训练样本集构成,通过下述优化问题可得到一个满足 $D\alpha = x$ 的表示系数 α:

$$\hat{\alpha} = \arg\min \| \alpha \|_0 \quad \text{s.t.} \quad \| x - D\alpha \|_2 \leqslant \varepsilon \qquad (4-1)$$

式中:ε 是容错度。

式(4-1)中的优化问题也可以理解为在一定稀疏度内最小化近似误差,即

$$\hat{\alpha} = \arg\min \| x - D\alpha \|_2 \quad \text{s.t.} \quad \| \alpha \|_0 \leqslant K \qquad (4-2)$$

式中:K 为稀疏度的上限。

以上所述问题是 NP-hard 问题,通常采用近似算法求解,如正交匹配追踪(Orthogonal Matching Pursuit,OMP)。OMP 是一种贪婪方法,每次计算增加一个最近似的原子直到选择 K 个原子或近似误差达到预设的阈值。

在稀疏表示模型式(4-1)和式(4-2)中,$\| x - D\alpha \|_2$ 的实质是用欧氏距离来度量重构像素与真实像素之间的相似度。一旦确定式(4-2)中的稀疏系数向量 $\hat{\alpha}$,就可以确定测试像素 x 的类别。假设有 N 个类别,定义 $\text{Res}^n(x)$ 为第 n 类的残差,即由第 n 类训练样本集得到的重构像素与真实测试样本之间的误差:

$$\text{Res}^n(x) = \| x - D^n \hat{\alpha}^n \|_2, \quad n = 1, 2, \cdots, N \qquad (4-3)$$

式中:D^n 表示字典矩阵的第 n 行;$\hat{\alpha}^n$ 为重构系数 $\hat{\alpha}$ 中相应于第 n 类训练样本的部分系数。

测试像素 x 的类别标签对应于残差最小的类别,即

$$\text{label}(x)=\text{argmin}\left[\text{Res}^{n}(x)\right], \quad n=1,2,\cdots,N \tag{4-4}$$

4.2.2 稀疏表示模型的求解

在图像分类问题中,需要解决的问题是根据有 k 个类别的带类别标签的训练图像集对一幅测试图像分类。把每一幅图像按列拉成一个列向量 $v\in\mathbf{R}^{m}$,那么 n 个训练图像就组成矩阵 $\boldsymbol{A}=[v_1,v_2,\cdots,v_n]\in\mathbf{R}^{m\times n}$,令 $A_i\in\mathbf{R}^{m\times n_i}$ 表示第 i 类的 n_i 个训练样本,则 $\boldsymbol{A}=[A_1,A_2,\cdots,A_k]$。对于测试图像 $y\in\mathbf{R}^{m\times1}$,可以表示为训练图像集的线性组合:

$$y=Ax \tag{4-5}$$

式中:$x=[x_1,x_2,\cdots,x_n]\in\mathbf{R}^{n\times1}$ 是一个稀疏向量,表示测试图像在训练图像集上的投影。

在实际应用中,测试图像一般会存在噪声、阴影或遮挡等,则式(4-5)可以改写为

$$y=\begin{bmatrix}A & I\end{bmatrix}\begin{bmatrix}x\\e\end{bmatrix}=Bw \tag{4-6}$$

式中:$\boldsymbol{B}=\begin{bmatrix}A & I\end{bmatrix}\in\mathbf{R}^{m\times(n+m)}$;$w=\begin{bmatrix}x^{\mathrm{T}} & e^{\mathrm{T}}\end{bmatrix}^{\mathrm{T}}\in\mathbf{R}^{(n+m)}$;$e\in\mathbf{R}^{m\times1}$ 表示当测试图像 y 不能被训练图像集准确描述时的误差项。

$\boldsymbol{B}$ 和 y 是已知的,分别对应训练集和测试图像,要求 w,即测试图像在训练集中对应的系数向量 x 和残缺向量 e,$\boldsymbol{B}$ 的行数少于列数,因此式(4-6)是一个欠定方程,没有唯一解,但已知 x 和残缺向量 e 都是稀疏向量,因此就要求式(4-6)的最稀疏解为

$$\hat{w}_0=\text{argmin}\|w\|_0, \quad Bw=y \tag{4-7}$$

式中:$\|w\|_0$ 表示 w 中非 0 元素的个数。为了求解这个系数,可以构造目标代价函数为

$$(\hat{x})=\text{argmin}_x\{\|y-Ax\|_2^2+\lambda\|x\|_0\} \tag{4-8}$$

式中:λ 为常数,用来调节数据项 $\|y-Ax\|_2^2$ 和稀疏项 $\|x\|_0$ 之间的权重。

通过式(4-8)求得的系数 x 是满足式(4-7)的无数解中最稀疏的一个,但是式(4-8)是一个 NP-hard 问题,无法在多项式复杂度时间内求解。为了便于计算,一个改进的方法就是把稀疏项的 0 范数换成 2 范数求解,即协同表示分类(Collaborative Representation Classification,CRC),CRC 采用了 L2-范数对稀疏项进行正则化,加快了计算的速度,同时也便于表示系数的求解(Li et al.,2015;Li et al.,2014;Song et al.,2017)。基于此,代价函数可以改写为

$$(\hat{x})=\text{argmin}_x\{\|y-Ax\|_2^2+\lambda\|x\|_2^2\} \tag{4-9}$$

这是一个最小二乘问题,因此可以很快的得到解析解为

$$\hat{x}=(A^{\mathrm{T}}A+\lambda\cdot I)^{-1}A^{\mathrm{T}}y \tag{4-10}$$

SRC 算法有两个关键点:①测试样本的编码矢量必须是稀疏的;②测试样本由整个样本数据库协作编码表达,而不是由每个类别的子集表达。假如测试样本属于样本数据库中的某一类,那么应该可以有这个类别的样本集稀疏表示,也就是用最少的样本来表达,所以测试样本的编码矢量必须是稀疏的。但是这是建立在每个类别的样本集都是完备的这一基础上的,实际上这样的前提很难做到。用某一类别的样本集来表达测试样本的误差会很大,即便是测试样本恰好属于这个类别。因此,CRC 采用整个样本数据库来协作表达测试样

本,当采用协同表示判断测试样本是否属于某一类别时,既要判断测试样本与这一类别的差别是否小,还要判断与其他类别的差别是否大,这样的"双重检查"使得识别更加有效和鲁棒。

4.3 基于多尺度协同表示的道路概率估计

考虑具有 n 个训练样本的数据集 $\boldsymbol{X} = \{x_i\}_{i=1}^{n}$,其中 $x_i \in \mathbf{R}^d$,d 是特征维数。设 $y_i \in \{1, 2, \cdots, C\}$ 作为分类标签。其中,C 是类别的数目。对于道路提取任务,设置 $C = 2$。n_1 和 n_2 分别为道路类和非道路类的训练样本数。

对于一个测试样本 $\boldsymbol{y}$,其对应的表示系数为 $\boldsymbol{\alpha}$,可以通过所有的训练样本计算得到:

$$\boldsymbol{\alpha}^* = \underset{\boldsymbol{\alpha}}{\mathrm{argmin}} \parallel \boldsymbol{y} - \boldsymbol{X}\boldsymbol{\alpha} \parallel_2^2 + \lambda \parallel \boldsymbol{\Gamma}_{X,y}\boldsymbol{\alpha} \parallel_2^2 \qquad (4-11)$$

式中:$\boldsymbol{\Gamma}_{X,y}$ 是测试样本和所有训练样本之间的偏差 Tikhonov 矩阵;λ 是平衡表示损失和正则化项的全局正则化参数。将 $\boldsymbol{\alpha}^*$ 表示为具有 $n \times 1$ 个元素的 α 的最佳表示向量。具体来说,$\boldsymbol{\Gamma}_{X,y} \in \mathbf{R}^{n \times n}$ 的设计形式如下:

$$\boldsymbol{\Gamma}_{X,y} = \begin{bmatrix} \parallel \boldsymbol{y} - \boldsymbol{x}_1 \parallel_2 & \cdots & 0 \\ \vdots & & \vdots \\ 0 & \cdots & \parallel \boldsymbol{y} - \boldsymbol{x}_n \parallel_2 \end{bmatrix} \qquad (4-12)$$

由于 $\boldsymbol{\Gamma}_{X,y}$ 是一个对角线矩阵,其对角线值测量某个训练样本和测试样本之间的差异,因此,从直观上看,若测试样本属于道路类,则测试样本与道路类训练样本之间的差异较小;反之,测试样本与道路类训练样本之间的差异较大。给定一个大的正则化参数 λ,为了达到公式(4-11)中的最小值目标,道路类测试样本应更可能由道路类样本表示,而不是非道路类样本,因此 $\boldsymbol{\alpha}^*$ 趋于稀疏。表示系数 $\boldsymbol{\alpha}^*$ 可以在一个封闭形式的解中估计为

$$\boldsymbol{\alpha}^* = (\boldsymbol{X}^{\mathrm{T}}\boldsymbol{X} + \lambda \boldsymbol{\Gamma}_{X,y}^{\mathrm{T}} \boldsymbol{\Gamma}_{X,y})^{-1} \boldsymbol{X}^{\mathrm{T}} \boldsymbol{y} \qquad (4-13)$$

然后,将训练样本 $\boldsymbol{X}$ 划分为道路类样本 $\boldsymbol{X}_1$ 和非道路样本 $\boldsymbol{X}_2$,并将系数向量 $\boldsymbol{\alpha}^*$ 相应地划分为 $\boldsymbol{\alpha}_1^*$ 和 $\boldsymbol{\alpha}_2^*$。近似值 $\hat{\boldsymbol{y}}_l$ 和测试样本 $\boldsymbol{y}$ 之间的残差可定义为

$$R_l(\boldsymbol{y}) = \parallel \hat{\boldsymbol{y}}_l - \boldsymbol{y} \parallel_2^2 = \parallel \boldsymbol{X}_l \boldsymbol{\alpha}_l^* - \boldsymbol{y} \parallel_2^2 \qquad (4-14)$$
$$l \in \{1,2\}$$

在该方法中,需要计算每个像素属于道路类的概率而不是每个像素的类别标签。因此,将道路类的概率定义为

$$p_r(\boldsymbol{y}) = \frac{R_2(\boldsymbol{y})}{R_1(\boldsymbol{y}) + R_2(\boldsymbol{y})} \qquad (4-15)$$

故非道路类的概率为 $p_{nr}(\boldsymbol{y}) = 1 - p_r(\boldsymbol{y})$。

在获得每个图斑在一定尺度上的道路概率后,同一图斑中的所有像素都被赋予一个与该图斑相同的概率值。然后,将 n 个不同尺度的所有道路概率图融合为一个整体。最后,每个像素 x_i 属于道路的概率可以定义为

$$p_r(x_i) = \max_{s \in \{1,2,3,\cdots,n\}} p_r^s(x_i) \qquad (4-16)$$

本章还尝试了其他融合策略,如平均值、中值和最小值,其结果均低于最大值规则。因此,在实验中使用了最大值融合规则。

4.4　基于图割法的道路区域分割

在高分遥感影像中,一些道路区域处于光谱变化以及树木和车辆遮挡的条件下。为了消除这些条件的副作用,得到一个一致的道路提取结果,这里使用图割法对道路概率图进行分割获得路面提取结果。

给定图像 I,图割法首先构造无向图 $G=\{\upsilon,\varepsilon\}$,其中 υ 表示图像中的像素的集合,ε 表示相邻像素之间的无向图的边的集合(Cheng et al.,2014)。对于道路提取任务,为道路类别定义标签"1",为非道路类别定义标签"0"。图割法试图最小化以下目标函数:

$$C(\mathscr{L})=C_r(\mathscr{L})+\alpha C_b(\mathscr{L}) \tag{4-17}$$

式中:$\mathscr{L}$ 是一个标签集,$C_r(\mathscr{L})$ 和 $C_b(\mathscr{L})$ 分别表示区域项和边界项;α 是平衡这两个项的权衡参数。在道路提取问题中,区域项 $C_r(\mathscr{L})$ 定义了将每个像素分类为道路类别的单个惩罚;边界项 $C_b(\mathscr{L})$ 描述了空间相邻像素之间的一致性。

通过上述的多尺度协同表示方法获得了道路概率图,由此,区域项可以定义为

$$C_r(\mathscr{L})=\sum_{i\in I}-\log[p_r(x_i)] \tag{4-18}$$

式中:$p_r(x_i)$ 是像素 x_i 的道路似然概率。

直观地说,空间上相邻的像素往往属于同一类,因此,定义边界项来测量相邻像素之间的标签不连续性,定义为

$$C_b(\mathscr{L})=\sum_{i,j\in N}m(L_{x_i},L_{x_j})\cdot\frac{1}{\|x_i-x_j\|_2+\varepsilon} \tag{4-19}$$

式中:N 表示标准的 8 邻域系统,包含所有相邻像素的无序对;$m(L_{x_i},L_{x_j})$ 是标签 L_{x_i} 和 L_{x_j} 之间的距离度量,若 L_{x_i} 和 L_{x_j} 具有不同的标签,则表示 $m(L_{x_i},L_{x_j})=1$,否则,将其定义为 0;x_i 和 x_j 是像素 x_i 和 x_j 的 RGB 特征向量。$\|\cdot\|_2$ 表示 L2 范数。为了避免零除数,在分母上加一个极小值 ε(通常 $\varepsilon=0.001$)。

对于二元标记问题,公式(4-17)中的目标函数可以通过多项式时间的最大流最小割算法获得最优解。通过图割法可以得到比较一致性道路分割结果。

对比其他道路分割方法,图割法具有以下优点:①在全局最优的框架下进行分割,保证了能量函数的全局最优解;②同时利用了图像的像素灰度信息和区域边界信息,分割效果好;③用户交互简单且方便,只需在目标内部和背景区域标记少量的种子点,对种子点的具体位置也没有严格要求,而且通过预处理方法自动确定种子点,实现了图割方法的自动化。

4.5　实验与分析

本节的主要内容是利用多尺度协同表示和图割法组合获取准确的道路面提取结果,并和其他方法一起进行对比实验。具体的道路提取流程如图 4-1 所示:首先,对遥感影像进行多尺度分割,然后基于分割结果分别计算每个图斑的光谱特征和扩展道路形状指数特征,

并构造出每个图斑的特征向量;在此基础上利用多尺度协同表示方法获得每个像素属于道路的概率;为了增强相邻像素之间的标签一致性,引入图割法以合并空间信息并获得初始道路区域,最后使用数学形态学方法对提取结果进行后处理得到精确的道路面提取结果。

在实验中使用完整度(Completeness)、正确度(Correctness)和质量(Quality)3 个精度评定指标来评估所提出方法的性能。

道路参考数据通过人工绘制的方法生成。由于人工绘制的道路和实际道路之间存在偏差,因此道路提取结果的比较是通过使用所谓的"缓冲区方法"将提取的结果与参考数据匹配来进行的,在这种方法中,给定缓冲宽度 p 内的网络的每一个部分都被认为是匹配的,也就是说,如果预测的道路上的点距离参考道路的点的距离至多为 p,则该点被认为是正确的。在本章的实验中:若是线状道路,则缓冲区宽度 p 设置为 4 个像素;若是面状道路,其参考道路也为面状,则缓冲区宽度 p 设置为 2 个像素。

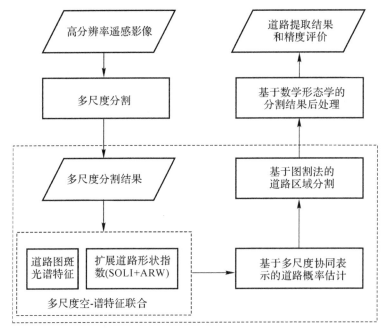

图 4-1　顾及多尺度空-谱特征的道路提取流程图

为了验证所提出的方法以及扩展道路形状指数的有效性和准确率,设计了两个实验,每个实验的相关信息见表 4-1。本部分的实验使用 64 位的 MATLAB R2015a 软件实现,操作系统为 Windows 10,其中处理器为 Intel Core i5-2400 CPU,频率为 3.10 GHz,内存为 8 GB。

表 4-1　实验设置

实验名称	使用的数据集	实验目的
实验1	影像1、影像2	验证提出的 ERSI 特征的作用,对比仅使用光谱特征的道路提取结果
实验2	影像3、影像4	不同方法提取结果进行对比,验证提出的方法的有效性

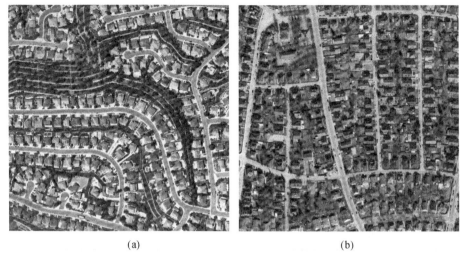

(a)　　　　　　　　　　　　　(b)

图 4-2　实验 1 数据

(a)影像 1;(b)影像 2

4.5.1　参数选择

在多尺度协同表示方法中,分割尺度个数对道路概率的计算以及最终路面提取的效果有重要影响。为了测试所提出的多尺度协同表示方法中分割尺度的组合方式对道路提取精度的影响,首先分别使用 7 个分割尺度对遥感影像进行多尺度分割(从 1 000 个超像素个数到 7 000 个超像素个数,每个尺度增加 1 000),然后对比在不同分割尺度组合方式下的道路提取精度。根据排列组合公式计算从 1 个尺度到使用 7 个尺度共有 127 种尺度组合方式,先计算各尺度组合方式下提取道路的精度,然后分别对 1~7 个尺度组合方式下的道路提取精度求平均值作为该尺度组合方式下的道路提取精度。测试结果如图 4-3 所示。从不同个数尺度的组合对道路提取精度(完整度、正确度和质量)影响方面进行了定量评价。

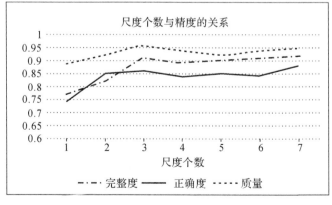

图 4-3　尺度个数与提取精度的关系

根据图 4-3 所示的精度评价结果可以发现,使用多尺度协同表示进行道路概率估计的方法,随着尺度个数的增加,道路提取结果的完整度、准确度和质量 3 个指标的值都有所增加,但是随着尺度个数的继续增加,道路提取的各质量指标基本进入一个平稳期,在使用 3 个分割尺度的时候提取质量达到最高值,随后,虽然增加了分割尺度的个数,但是对提取精度的提高并没有显著影响。因此,本章在基于多尺度协同表示方法的道路概率估计中选择使用 3 个分割尺度进行道路提取实验。

4.5.2 实验 1

实验 1 是为了验证提出的扩展道路形状指数的作用,两幅高分影像被用于实验对比。在实验 1 中,设置参数如下:3 个不同的超像素数分别设置为 1 000、2 000 和 3 000。

实验 1 所使用的两幅 QuickBird 影像如图 4-2(a)(b)所示,其空间分辨率为 0.6 m/像素,空间尺寸为 512 像素×512 像素。它们都是从 VPLab 网站下载。这两幅遥感影像中包含了大量的居民建筑物,覆盖了大量的植被,道路部分被阴影或植被遮挡,同时道路上有明细的车辆痕迹,属于较为典型的城镇居民区。

图 4-4 显示了 ERSI 特征对道路提取结果的影响。从两幅高分影像的道路提取结果可以看出,在使用相同的道路提取方法(提出的方法)的情况下,加入了 ERSI 特征的提取结果在提取完整度上的得分有较大幅度的提高,从而使得最终的道路提取结果更完整,提取质量更高。特别地,通过从图中圆形框区域的对比可以发现,使用了 ERSI 特征的方法对弯曲的道路和道路交叉口的识别比较准确,在阴影遮挡区域,使用 ERSI 特征之后能提取出更多的道路。另外,在图像边缘部分,ERSI 特征也能显著增强道路目标的特征表达能力,从而提高道路提取的完整度。这说明对于道路这类具有明显的空间几何和结构特征的人造地物,充分考虑其空间结构特征是必要的,将空间结构信息与地物本身的光谱信息结合可以提高地物识别的准确率,增强提取方法的鲁棒性。这个结果与表 4-2 中对道路提取结果的精度评价统计信息是一致的,这也从侧面说明本章所提出的 ERSI 特征是一种有效的空间结构特征,使用该特征能显著提高高分影像道路提取的准确度、完整度和质量。

表 4-2　实验 1 的定量评估结果

	光谱特征	光谱特征＋ERSI 特征
影像 1		
完整度/(%)	69.69	88.38
正确度/(%)	95.28	94.94
质量/(%)	67.37	84.41
影像 2		
完整度/(%)	73.20	87.62
正确度/(%)	88.67	82.75
质量/(%)	66.94	74.09

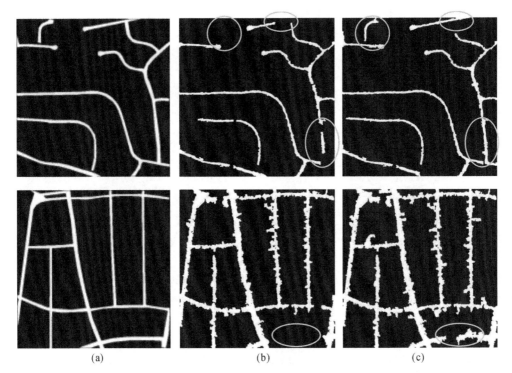

图 4-4　ERSI 特征对道路提取结果的影响

(a)参考道路;(b)仅使用光谱特征的道路提取结果;(c)加入 ERSI 特征的道路提取结果

4.5.3　实验 2

实验 2 是为了验证所提出方法的性能,因此,将其与两种相关方法进行了比较,这三种方法的共同特点是都用到了道路的形状特征,但是不同方法所侧重的道路形状特征的定义有所不同。这些方法的主要信息总结如下:

(1)Huang 等人(2009)的方法(下文记作方法 1):一种基于多尺度结构特征和支持向量机的道路提取方法,这里使用的多尺度结构特征是指分割图斑的长宽比特征。

(2)Miao 等人(2013)的方法(下文记作方法 2):一种基于光谱和形状特征的道路提取方法。这里使用的形状特征是分割得到的道路的最小外接椭圆长短轴比,因此选择此方法同本章提出的方法进行对比,对比这两种形状特征的优缺点。

(3)本章提出的方法:首先使遥感影像被 3 个不同数量的超像素(如 1 000、2 000 和3 000)进行多尺度分割,然后计算每个尺度下各图斑的光谱特征和扩展道路形状指数特征,并使用多尺度协同表示和图割法获取初始道路提取结果,最后执行形态学运算对道路结果进行优化并得到最终的道路面结果。

在本章提出的方法中,参数的设置如下:在多尺度协同表示算法中随机选择 50 个正样本和 50 个负样本。为了获得稀疏系数 α^*,将加权因子 λ 设置为 10。在使用图割法进行道路分割的实验中发现,在图割算法中设置 $\alpha=0.8$ 时,大多数图像都能得到满意的结果。因此,在之后的实验中保持这个参数不变。

实验所使用的第一幅遥感影像如图 4-5(a)所示,尺寸为 800 像素×1 024 像素,空间分辨率为 1 m。它由 IKONOS 卫星采集,显示了澳大利亚霍巴特的一个区域。该图像包括复杂的背景情况,例如道路车辆和建筑物阴影等。

实验使用的第二幅图像是由 WorldView 卫星采集的,显示了美国威斯康星州密尔沃基市日耳曼敦村的一个区域,如图 4-5(b)所示。该影像包含 3 个波段(即 R、G 和 B)。其空间分辨率为 0.7 m,尺寸为 731 像素×1 507 像素。影像中主要包含道路、建筑物和植被等地物。

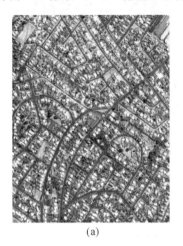 

(a)   (b)

图 4-5 实验 2 数据
(a)影像 3;(b)影像 4

对于这两个数据集来说,由于光谱分辨率较低,而空间分辨率很高,因此道路提取具有挑战性。较差的光谱分辨率限制了道路和其他人工构筑物之间的分离。此外,每个数据集都具有非常高的空间分辨率。研究表明,更高的空间分辨率并不意味着更高的解译精度,因为在高分影像的处理中,椒盐噪声通常比中值低分辨率图像更严重。

图 4-6 显示了不同方法的提取结果,表 4-3 给出了不同方法道路提取结果定量评估结果。从图中可以看出使用方法 1 提取的道路存在较多误报,很多非道路要素被识别为道路,这是由于道路本身的光谱特征容易与周围地物混淆导致的,而本章提出的方法使用了能体现道路的空间结构信息的 ERSI 特征,因此道路提取的结果更完整,针对与道路邻接的建筑物或植被等地物的误报较少。同时方法 1 和方法 2 在提取曲线道路的时候都存在遗漏和错误,这是由于方法 1 和方法 2 所使用的道路形状特征不能准确地描绘曲线状道路导致的,而本章所提出的方法在曲线道路提取方面比较有优势,这是得益于本章提出的 ERSI 指数具有的空间延伸特性,在道路光谱特征失效的情况下依然能够提供准确的道路特征。同时,方法 2 由于使用了光谱和形状特征,因此道路提取的结果中误报比方法 1 相比较少,但是方法 2 存在的遗漏和错误比本章提出的方法更多。这表明本章所提出的方法兼顾了道路的光谱特征和空间形状特征,并且在弯曲道路的特征识别方面比一般的道路形状特征更具有优势。

针对本章提出的方法,对比图 4-6(b)(c)可以看出,本章提出的基于多尺度分割的方法获得的结果优于另外两种方法的结果,这是由于影像中的道路宽度存在较大差异,不同道路对分割尺度的相应不同,通过使用不同的分割尺度的结果进行多尺度协同表示可以最大化表达道路的真实概率,降低道路提取的不确定性。

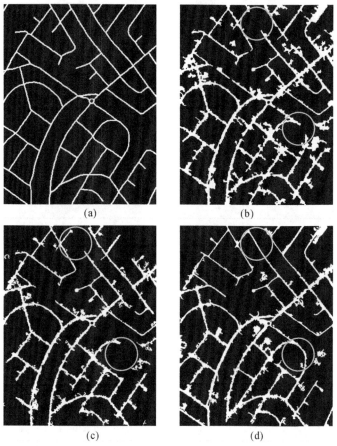

图 4-6　影像 3 上不同方法结果对比

(a)参考数据;(b)方法 1 提取结果;(c)方法 2 提取结果;(d)本章提出的方法提取结果

表 4-3　实验 2 中影像 3 的定量评估结果

	方法 1	方法 2	本章提出的方法
完整度/(%)	75.87	73.04	80.13
正确度/(%)	75.75	73.04	81.56
质量/(%)	61.04	63.59	67.84

从图 4-7 的对比可以看出方法 1 和方法 2 提取的道路结果误报较多,很多与道路连接的建筑物以及连接主要道路和建筑物的小路被提取了出来。本章提出的方法在使用 3 个分割尺度的情况下取得了比较好的结果,但是由于部分区域被植被遮挡,因而也存在一些道路断裂的情况。表 4-4 的定量统计结果也反映出了与目视分析一致的结论。由此可见,本章

提出的方法在完整度和正确度上都取得了比较好的平衡,提取的道路具有较高的质量。

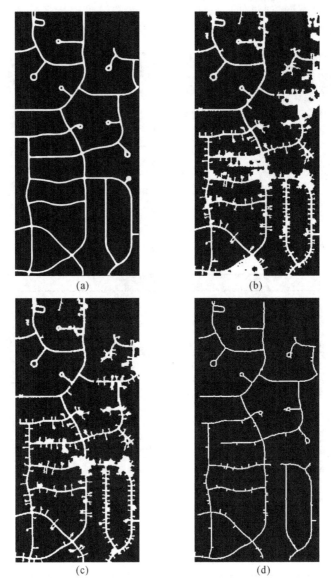

图 4-7　影像 4 上不同方法结果对比

(a)参考数据;(b)方法 1 提取结果;(c)方法 2 提取结果;(d)本章提出的方法提取结果

表 4-4　实验 2 中影像 4 的定量评估结果

	方法 1	方法 2	本章提出的方法
完整度/(%)	83.71	92.04	97.75
正确度/(%))	58.20	72.75	93.68
质量/(%)	52.28	68.44	91.71

通过不同方法的对比可以看出,相比仅使用一个分割尺度的方法 2 的道路提取结果,本章提出的方法使用了多个分割尺度,其结果在完整度、正确度和质量 3 个精度评价指标上都更有优势。这是由于本章提出的方法使用了基于多尺度协同表示的分类方法在 3 个分割尺度上都能得到每个像素属于道路的概率,经过 3 种不同尺度下的取最大值运算可以得到更合理的道路像素概率值,使得接下来基于图割法的道路分割结果更准确。同时,仅使用一个分割尺度的情况下,未能考虑高分影像中道路宽度不同的特点,使得道路分割结果的精度不如多个尺度下的结果。因此,本章提出的方法综合考虑了道路的光谱特征和空间结构特征,结果对比可以表明,使用多尺度分割的方法可以获得比单一尺度分割方法更精确的道路。

同方法 1 相比,虽然方法 1 也使用了多个分割尺度,并且将分割图斑的空间特征同光谱特征进行了结合,但是由于方法 1 所使用的分割图斑的形状特征局限于单个图斑,对道路的空间形态表达能力不够,特别是对于弯曲道路的提取而言,方法 1 所使用的形状特征由于不能准确描述其空间形态特征,导致很多弯曲道路被遗漏。这一方面可以说明本章提出的新的道路形状指数特征是有效果的,同时也说明使用协同表示方法对道路进行概率估计也达到了预期的效果,本章提出的方法可以对道路特征进行有效特征的增强与无效特征的抑制,从而达到深层特征提取的目的。

4.6　本 章 小 结

本章提出一种顾及多尺度空-谱特征的遥感影像道路提取方法,首先对遥感影像进行多尺度分割,然后将道路图斑的光谱特征和扩展道路形状指数特征进行融合得到空-谱联合特征矢量,基于多尺度协同表示的方法对道路概率进行估计,最后使用图割法和数学形态学方法得到道路面提取结果。

通过实验对比可以发现,本章提出的道路提取方法具有以下优点:

(1)自适应性。围绕中心图斑对象的区域扩展是由空间上下文信息本身驱动的,故基于 TFL 所提出的方法可以自适应地扩展目标区域。

(2)有效性。将多尺度分割所得的矢量图形与影像栅格相结合进行道路的空间结构特征提取,并结合道路的光谱特征进行道路提取,实验结果证明了所提出的扩展道路形状指数在高分影像道路提取中有用且可行。

第 5 章　集成浮动车轨迹和高分影像的道路提取

从多源遥感数据中自动提取道路一直是一项具有挑战性的任务。阴影遮挡和多源数据对齐误差等因素阻碍了当前基于深度学习的道路提取方法获取具有高互补性、冗余性和交叉性的道路特征。与通过多尺度特征融合捕获上下文的工作不同,本章提出了一种双注意力扩张链路网络(Dual Attention Dilated - LinkNet,DAD - LinkNet)方法,通过联合使用卫星图像和浮动车轨迹数据,自适应地将局部道路特征与其全局依赖关系集成,进一步提高多源数据的综合利用率。

5.1　引　　言

当前,许多监督或无监督机器学习方法已经被用于从遥感图像中提取道路。特别是,前者已获得广泛接受,因为它能够有效和准确地分割道路区域或从遥感影像中提取道路中心线。尽管有其优势,但是一些因素挑战该方法的实际应用。例如,它通常需要高度代表性和完整的训练集,并且高度依赖于操作员的专业知识。此外,由于高分辨率图像的阴影遮挡,因此无法获得完整的道路信息。研究表明,多源数据融合方法可以提高道路提取的准确性,如高分辨率图像和 LiDAR 点云数据的融合可以更有效地区分地面和非地面要素,有利于道路信息的准确提取,但也引入了新的误差,如图像和点云之间的配准误差(Martínez et al.,2020)。此外,激光雷达点云无法穿透茂密的树冠,导致其无法获取完整的道路信息。因此,阴影遮挡和多源数据配准误差等因素会阻碍道路提取任务获取互补性、冗余性和交叉性强的道路特征。因此,要获得准确的道路信息,就必须解决单一数据源信息缺失情况下的道路特征提取问题。

近年来,浮动车轨迹数据在志愿地理信息领域受到越来越多的关注。源于城市出租车的浮动车轨迹数据包含了丰富的交通动态信息,是一种低成本、广覆盖、高现势性的地理位置信息采集手段。浮动车轨迹数据的坐标(即纬度和经度)提供了连接卫星图像的机会。一些研究已经表明,带有轨迹校正的浮动车辆数据可以恢复被树冠或建筑物阴影遮挡的部分道路信息(Shu et al.,2020)。

本章提出了一种新的道路提取方法。该方法以接近实时的方式使用高分影像和浮动车轨迹数据。其主要目的是开发、测试和验证一种融合异构道路特征的道路提取方法,旨在从遥感影像和浮动车轨迹数据中提取异构道路特征,并将其应用于深度卷积神经网络,引入空间注意模块和通道注意模块来分别捕获空间和通道维度的道路上、下文信息,以完成精确的道路信息提取。

5.2　基于最小二乘特征匹配的浮动车轨迹联合纠偏模型

　　首先需要对浮动车轨迹数据进行滤波,其关键是落入道路与背景中的浮动车轨迹数据在"空间-时间-光谱"维度上分布特征的差异性,这里采用粒子滤波的方法消除冗余浮动车轨迹数据(Saeedimoghaddam et al.,2020)。

　　利用高分影像对滤波后的轨迹数据进行纠偏。基于最小二乘特征匹配的浮动车轨迹联合纠偏流程图如图 5-1 所示。先从滤波后的浮动车轨迹数据中提取车辆转向点类簇;然后分别使用 DenseASPP 网络和核密度估计的方法从高分影像和车辆转向点数据中提取道路交叉口;最后采用最小二乘法对提取到的交叉口中心点数据进行匹配和拟合,以最小匹配残差平方和最小为优化目标,构建最小二乘平差模型,对浮动车轨迹数据进行纠正,得到纠正的浮动车轨迹数据。

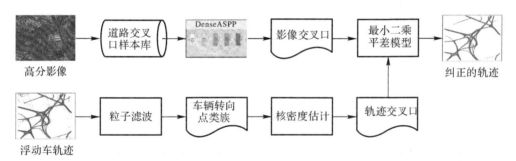

图 5-1　基于最小二乘特征匹配的浮动车轨迹联合纠偏流程图

　　假设从图像中提取的道路交叉点是一个独立的点集 P,从浮动车辆轨迹中提取的道路交叉点是另一个独立的点集 Q,找到一组由旋转矩阵 R 和平移矩阵 T 组成的变换(R,T),这两个点集的对齐匹配变换使以下目标函数最小:

$$E(R,T)=\frac{1}{N}\sum_{i=1}^{N}\|p_i-(Rqi+T)\|^2 \qquad (5-1)$$

式中:旋转矩阵 R 和平移矩阵 T 是浮动车辆轨迹数据和图像之间的旋转参数和平移参数,使得两个交点集之间的最佳匹配满足欧几里得距离最小化标准。

　　该算法是一个迭代过程,包括以下步骤:

　　(1)用初始值 Q_0 搜索点集 P 和 Q,定义最大迭代次数 $k_{\max}$,初始化旋转矩阵 R 和平移矩阵 T;

　　(2)对于目标点集 Q 中的每个点 q_i,从点集 P 中找出欧氏距离最小的点 p_i,形成点对(p_i,q_i);

　　(3)使用步骤(2)中的点对来计算旋转矩阵 R 和平移矩阵 T,并将计算出的 R 和 T 代入公式(5-1)以最小化其值；

(4)将 k 次迭代后的变换矩阵表示为 R_k 和 T_k，然后计算 Q：

$$Q = R_k Q_0 + T_k \qquad (5-2)$$

若 $E(R,T)$ 的值大于设定的阈值，同时迭代次数未达到 $k_{\max}$，则重新开始迭代，反之则停止迭代并退出。

5.3 多源异构道路特征集构建

5.3.1 多源异构道路特征

从浮动车轨迹数据和高分影像中分别提取相应的道路特征，主要包括以下几种。

(1)光谱特征。在影像去噪和浮动车轨迹纠偏的基础上，利用浮动车轨迹数据所在的像素作为初始样本，建立道路光谱信息样本库。然后计算每个像素与道路样本的归一化光谱空间距离，作为道路的光谱特征。

(2)空间特征。

1)高度特征：通过倾斜摄影可以获取点云数据，经过预处理可以得到与高分影像空间分辨率一致的归一化数字表面模型，然后提取道路点云，得到道路的高度特征。

2)几何特征。

a.轨迹特征：通过轨迹跟踪提取轨迹中包含的车辆转向点对，基于距离和角度的生长聚类方法进行转向点对的空间聚类，提取轨迹方向特征和轨迹局部连通性。该特征可以作为补充信息来恢复遮挡区域的车道信息。

b.车道线特征：车道线在影像中表现为细长且高亮的直线或曲线，基于边缘检测算法提取车道线特征。该特征可以作为精确车道边界提取的约束条件之一。

3)车辆分布特征：基于空洞卷积网络提取高分影像中的车辆信息，然后将车辆作为最小单元进行聚类分析，基于感知编组算法对属于不同聚类中心的车辆进行排序，实现基于空间上下文信息的车辆分组和编号，提取车辆分布特征。该特征可以作为精确车道提取的约束条件之一。

4)拓扑特征：道路段是相互连通的，每一段道路与其他道路相交于道路交叉口。通过深度学习的方法可以快速准确地从高分影像中提取交叉口区域，并使用核密度估计的方法定位其中心。该特征可以作为空间约束用于联合高分影像的浮动车轨迹纠偏模型中。

5.3.2 基于子空间学习和区域相关注意力的多模异构特征融合

道路空间特征一般是点状或线状数据，道路光谱特征一般是栅格数据。因此首先通过空间投影的方法将点状或线状数据投影到影像特征空间中，并通过空间插值和归一化方法转化为栅格数据，然后再进行特征融合。基于子空间学习和区域相关注意力的多模异构特征融合算法流程图如图 5-2 所示,其主要步骤如下。

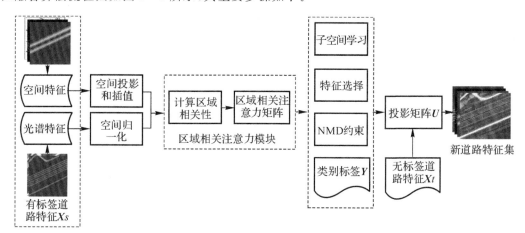

图 5-2 基于子空间学习和区域相关注意力的多模异构特征融合算法流程图

(1)区域相关注意力机制。从不同源数据提取的道路特征空间相关性比较大,考虑到道路的空间延展性特点,为了增强特征差异性,在多特征融合过程中引入区域相关注意力机制,从区域像素中获取道路的空间上下文信息,生成具有密集且丰富的空间上下文信息的区域相关注意力矩阵。区域相关注意力模块的示意图如图 5-3 所示。

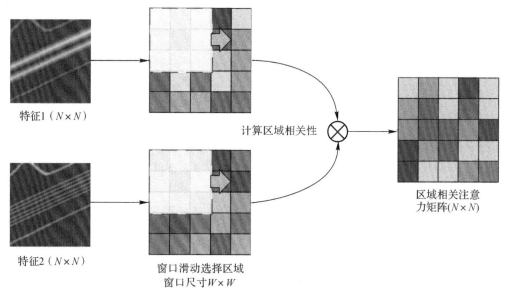

图 5-3 区域相关注意力模块的示意图

(2)子空间学习。传统的子空间学习方法在降维的同时并没有进行有效的特征选择,影响特征表示的准确性。本项目提出一种融合子空间学习和特征选择的道路多特征集构建方法。首先通过回归学习进行特征的子空间表示,同时引入 $l_{2,1}$-范数来进行特征选择,并采用最大均值差异(Maximum Mean Discrepancy,MMD)描述不同数据源道路特征分布的差异。通过对子空间学习、特征选择及 MMD 约束等进行联合优化估计求解得到投影矩阵 $U \in \mathbf{R}^{m \times c}$，进而获得低维、鲁棒、差异性大的新道路特征集。其目标函数表示为

$$\arg \min_{Y_t, U} \|Y - X^T U\|^2 + \lambda_1 \|U\|_{2,1} + \lambda_2 \text{tr} \|U^T V U\| \qquad (5-3)$$

式中：$V = XMX^T$；λ_1 和 λ_2 是规整系数；道路特征 $X = [X_s, X_t] \in \mathbf{R}^{m \times n}$，其中 $X_s \in \mathbf{R}^{m \times n_1}$ 和 $X_1 \in \mathbf{R}^{m \times n_u}$ 分别为有标签道路和无标签道路特征；n_1 和 n_u 分别为对应的特征样本数量，$n = n_1 + n_u$；$Y = [Y_s, Y_t] \in \mathbf{R}^{n \times c}$ 为标签矩阵，其中 $Y_s = [y_1, y_2, \cdots, y_n]^T \in \mathbf{R}^{n_u \times c}$ 和 $Y_t = [y_{n_1+1}, y_{n_u+2}, \cdots, y_n]^T \in \mathbf{R}^{n_u \times c}$ 分别表示类别已知和类别未知的道路特征标签矩阵，c 为类别数。

5.4　多源异构道路提取及融合模型

5.4.1　双注意力机制

在图像识别领域，基于注意机制的特征提取属于一个新兴的理论体系。注意机制的核心应用思想在于如何让系统模型学会在研究中只关注需要研究的信息，而选择忽略与研究对象无关的信息。引入注意力机制可以在学习过程中对不同数据源的道路特征进行灵活加权，从而提高最终获取的有效道路特征的准确性，进而更有效地从复杂数据图像的背景干扰信息（如车辆、行人、积水、阳光反射等）中提取道路轮廓。

本研究采用图像数值掩码构建注意力机制，通过设计新的权重分布层，从目标图像中提取并标记核心道路特征信息，然后依次从目标图像的空间域和通道域提取道路特征，形成双重注意力。

（1）空间注意力模块（Spatial Attention Module，SAM）。如图 5-4 所示，局部特征图首先通过 3 个卷积层，分别得到 3 个特征图 A、B、C，其中 $\{A, B, C\} \in \mathbf{R}^{c \times H \times W}$，然后将它们变形为 $\mathbf{R}^{c \times N}$，其中 $N = H \times W$ 为像素数，之后将变形后的 A 的转置与变形后的 B 相乘，然后通过 softmax 层得到空间注意力图：

$$m_{ji} = \frac{\exp(A_i \cdot B_j)}{\sum_{i=1}^{N} \exp(A_i \cdot B_j)} \qquad (5-4)$$

式中：m_{ji} 衡量第 i 个位置对第 j 个位置的影响。请注意，两个位置的特征表示越相似，就越有助于它们之间的关联性。

然后，在 C 和 M 的转置之间进行矩阵乘法，将结果变形为 $\mathbf{R}^{c \times H \times W}$。最后，将其乘以比例因子 α 并与 X 相加，得到最终输出的空间注意力矩阵 E。

$$E_j = \alpha \sum_{i=1}^{N} (m_{ji} C_i) + X_j \qquad (5-5)$$

式中：初始化为 0，并逐渐学习分配更多的权重。从公式（5-5）中可以推断出，每个位置的结果特征 E 是所有位置的特征和原始特征的加权和。

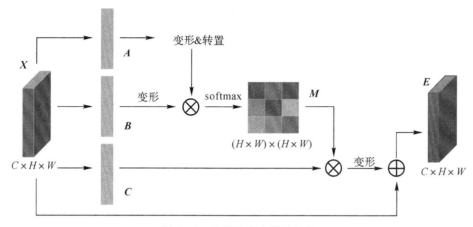

图 5-4　空间注意力模块结构

（2）通道注意力模块（Channel Attention Module，CAM）。通道注意力模块的结构如图 5-5 所示。与 SAM 不同的是，我们直接从原始特征 $\boldsymbol{X} \in \mathbf{R}^{C \times H \times W}$ 中计算出通道注意力图 $\boldsymbol{S} \in \mathbf{R}^{C \times C}$。具体来说，可以将 $\boldsymbol{X}$ 变形为 $\mathbf{R}^{C \times N}$，然后在 $\boldsymbol{X}$ 和 $\boldsymbol{X}$ 的转置之间进行矩阵乘法。最后，应用 softmax 层来获得通道注意力图 $\boldsymbol{S} \in \mathbf{R}^{C \times C}$：

$$s_{ji} = \frac{\exp(X_i \cdot X_j)}{\sum_{i=1}^{N} \exp(X_i \cdot X_j)} \tag{5-6}$$

式中：衡量 s_{ji} 第 i 个通道对第 j 个通道的影响。此外，在 $\boldsymbol{S}$ 和 $\boldsymbol{X}$ 的转置之间进行矩阵乘法，并将其结果变形为 $\mathbf{R}^{C \times H \times W}$。

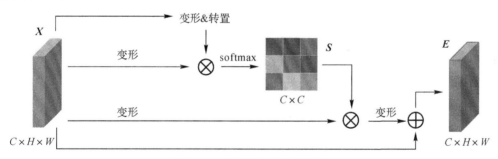

图 5-5　通道注意力模块结构

然后，将结果乘以一个比例参数 β，并对 $\boldsymbol{X}$ 执行逐元素求和运算，以获得最终输出 $\boldsymbol{E} \in \mathbf{R}^{C \times H \times W}$，即

$$E_j = \beta \sum_{i=1}^{C} (s_{ji} X_i) + X_j \tag{5-7}$$

式中：β 从 0 开始逐渐学习一个权重。式（5-7）表示每个通道的最终特征是所有通道的特征和原始特征的加权和，这是对特征图之间的长程语义依赖的建模。它强调依赖于类的特征映射，有助于提高特征的可辨识性。

此外，原 D-LinkNet 模型的分割网络结构是采用线性插值的直接采样操作，可以说是经典的端到端神经网络结构的再现,整个模型的建立没有引入冗余的学习参数,也不需要对其他参数进行大量的额外计算。因此,在引入注意力机制时,可以直接在 D-LinkNet 网络中加入注意力模块,而不必担心由于计算和运行时间的爆炸性增加而导致学习时间的减少,从而导致算法的可行性降低。

5.4.2 基于双注意力的 D-LinkNet 模型架构

DAD-LinkNet 模型的结构是一个编码器-解码器模型。该网络的骨干网络采用 D-LinkNet 架构,在其中心部分有扩张卷积层。扩张卷积是一个强大的工具,可以在不降低特征图的分辨率的情况下扩大特征点的感受野。

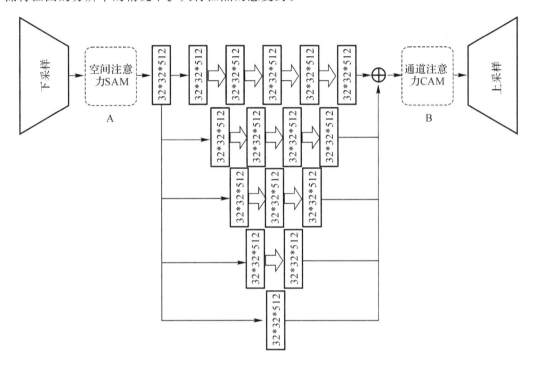

图 5-6 DAD-LinkNet 模型架构

本研究参照双注意力网络结构,引入注意力机制,采用级联的连接方式,从道路数据的空间域和通道域分别提取道路信息,更准确地获得图像中的道路特征。如图 5-6 所示,虚线框内的 A 和 B 部分是两个注意力模块。在修改后的 D-LinkNet 结构中,注意力模块 A 作为编码器连接到预训练的 ResNet34 结构的左侧,以预先激活网络的特征提取能力,模型中央区域的 5 个分支被添加到扩张卷积运算模块中。通过扩张卷积的池化操作,在不损失特征信息的前提下,可以增加感知场的范围,从而更有效地提取道路特征,完成多深度、多尺寸特征的融合。采用特征"堆叠"的融合方法,不存在后处理操作。

图 5-6 中带数字的箭头的长度表示卷积神经网络的深度,5 个分支的深度依次为 5 到

1,感受野的大小设置为 15、7、3、1、0,之后加入 1×1 卷积层进行特征融合。最后,通过使用归一化函数和激活函数,得到与初始输入图像相同大小的道路预测概率图,最终得到分割后的道路二元图像。

5.4.3 损失函数设计

损失函数是一个非负实值函数,在机器学习过程中用于估计模型学习后得到的预测值和真实值之间的差异。损失函数越小,模型的性能就越好。在目前的图像分割研究领域,构建损失函数的方式主要有两种:二元交叉熵损失(BCE)和 Dice 系数损失(DICE)。BCE 可以使输出的预测结果与道路数据集最大程度的匹配,可以满足降低误差的优化要求;而 DICE 作为衡量集合间相似度的函数,可以用来比较两个样本集之间的相似度。这两个损失函数的梯度计算方式不同,DICE 的梯度值要比 BCE 的梯度值大得多。

为了获得更加准确的损失函数,这里引入超参数损失函数的概念,新的超参数损失函数由 BCE 和 DICE 两个损失函数加权,通过多次实验调整这两个损失函数的不同加权比例,优化最终的道路分割结果,找到最佳参数值,使结果具有最佳精度。超参数损失的计算方法是:

$$H_{\text{loss}} = H(p,q) + \lambda \times \text{DiceLoss} \tag{5-8}$$

$$H(p,q) = -\sum_{i=1}^{n} p(x_i)\log[q(x_i)] \tag{5-9}$$

$$\text{DiceLoss} = 1 - \frac{2\,|\,X \cap Y\,|}{|\,X\,|+|\,Y\,|} \tag{5-10}$$

式中:H_{loss} 表示超参数损失;$H(p,q)$ 是 BCE 损失;DiceLoss 是 DICE 损失;λ 表示 DICE 与 BCE 的权重比;$|X|$ 表示参考道路;$|Y|$ 表示预测道路掩码。

5.5 实验与分析

5.5.1 实验数据

实验使用了 3 个数据集,其中前两个是常用的遥感数据集,即马萨诸塞州道路数据集(Mnih,2014)和 NWPU VHR-10 数据集(Cheng et al.,2014),第 3 个是自制的包含卫星图像和浮动车辆数据的武汉数据集。

(1)马萨诸塞州道路数据集。该数据集是道路提取领域常见的数据集,展示了马萨诸塞州的主要道路图像,它包括城市道路、郊区道路、农村道路等各种道路类型,以及道路提取领域常见的一些干扰因素(行人、车辆、积水等)。我们对马萨诸塞州道路数据集的 1 171 幅道路图像进行了清洗,去除 398 幅严重缺失的图像,并将其中的 700 幅作为预训练的样本数据源。

(2)NWPU VHR-10 数据集。该数据集包含 800 幅高分辨率的卫星图像,这些图像是从谷歌地球和 Vaihingen 数据集中裁剪出来的,然后由专家进行人工注释。该数据集分为 10 个类别(飞机、船舶、储罐、棒球场、网球场、篮球场、地面跑道、港口、桥梁和车辆)。为了更好地进行道路提取实验,从这些图片中手动选择 325 幅适合道路提取学习的图像作为样本。

(3)武汉数据集。该数据集由 4 波段卫星图像和浮动车数据组成。该图像由 Pleiades 卫星采集,显示了武汉市的一个区域。图像的尺寸为 9 331 像素×13 367 像素,空间分辨率为 0.5 m/像素。浮动车轨迹数据是通过安装在武汉出租车上的 GPS 仪器采集的。采集时间为 2015 年 4 月 24 日—2015 年 4 月 30 日。

5.5.2　数据预处理

对数据集中的不同图像进行了一系列预处理操作,以缩短学习时间。由于目标图像的高分辨率使训练时间呈指数级增长,所以首先对数据集中使用的图像进行分割。分割后的图像被统一处理成长和宽均为 512 像素的正方形图像块。其次为了提高结果的准确性,还对长和宽各为 512 像素的小块进行裁剪,以实现简单的数据增强。最后随机选择部分图像进行旋转、镜像和颜色调整,以进一步增强数据增强效果。

对浮动车轨迹数据进行细化算法处理,在轨迹数据图中设置缓冲区选取样本,通过 ArcGIS 软件将矢量点数据转换为相应的栅格化数据,通过坐标变换和精度标定操作可以得到矢量化的路网几何数据,然后将这部分数据按照影像数据集的格式进行处理,作为数据集的扩展。

5.5.3　实验设置

所有实验均在惠普 Omen 工作站上进行,该工作站规格如下:中央处理器英特尔 i7-7700HQ 2.80 GHz,内存 32 GB,NVIDIA GeForce GTX 2080 图形处理单元(内存 16 GB)。所有代码均使用 Pytorch 1.5 实现,编程环境为 Python 3.6。

在模型训练中采用了一种多学习率策略,其中,初始学习率在每次迭代后乘以 $\left(1-\dfrac{iter}{total\_iter}\right)^{0.9}$。马萨诸塞州道路数据集的基本学习率设置为 0.01,动量和重量衰减系数分别设定为 0.95 和 0.001。

使用同步贝叶斯网络对所提出的模型进行训练。马萨诸塞州道路数据集的批量大小被设置为 4,其他数据集的批量大小为 6。当采用多尺度增强时,对于 NWPU VHR-10 数据集,我们将训练时间设置为 120 个历元,对于其他数据集,我们将训练时间设置为 140 个历元。当使用两个注意模块时,采用网络末端的加权损失函数。

5.5.4　实验结果

5.5.4.1　实验 1

在实验 1 中,使用马萨诸塞州道路数据集和 NWPU VHR - 10 数据集的图像对所提出的方法进行了验证。在实验 1 中,共使用了 1 315 幅道路图像,并通过数据增强和补充增加到 3 010 幅,这些数据集按 7∶2∶1 的比例分为训练集、测试集和验证集。

图 5 - 7 显示了所提出的模型与 U - Net 和 D - LinkNet 之间的视觉比较。可以发现,所有的方法都存在不完整的提取结果。然而,在道路完整度方面,DAD - LinkNet 可以获得更完整的道路结构。表 5 - 1 记录了所选网络之间的定量比较结果。从实验指标来看,DAD - LinkNet 在所有评价指标上都取得了比其他方法更高的分数。这一现象可以解释为编码器组件提取的图像特征在后者的双注意模块中是共享的,导致空间域和通道域输出结果在一定程度上的相关性。

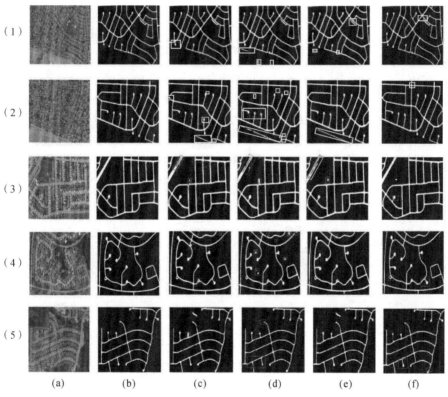

图 5 - 7　实验 1 的道路提取结果

(a)原始图像;(b)参考真值;(c)D - LinkNet;(d)U - Net;

(e)DAD - LinkNet(加权损失函数);(f)DAD - LinkNet(未修改的损失函数)

由于原始图像中道路的复杂性,基于 D-LinkNet 网络和 U-Net 网络得到的道路提取结果存在一定的模糊、黏连和相邻道路的误判,特别是基于 D-LinkNet 网络的提取结果甚至会因为误判而导致"断路",而且由于在提取和获取道路结构信息时的遗漏,还存在着与参考真值相比不完整的问题。DAD-LinkNet 可以有效地提取道路的主要结构,即使在一些具有挑战性的场景中也能保留细节,这证明了本章提出的方法的有效性和优越性。

表 5-1　实验 1 道路提取结果定量指标

方　　法	精　　度	召回率	F1 得分	IoU
U-Net	0.772 3	0.760 4	0.713 8	0.656 4
D-LinkNet	0.830 8	0.749 8	0.771 9	0.644 7
DAD-LinkNet (unmodified loss function)	0.855 3	0.770 2	0.780 2	0.657 6
DAD-LinkNet (weighted loss function)	0.843 0	0.789 2	0.781 4	0.6774

5.5.4.2　实验 2

实验 2 使用了武汉数据集中的浮动车轨迹数据。它由一系列轨迹点组成,每个轨迹点包含车辆的编码信息、位置信息和时间信息。因此,从这些数据中提取道路网络的空间信息,通过连接轨迹点形成相应的轨迹线,然后为每个轨迹线制作一个距离为 γ 的缓冲区,并融合成单个道路的表面元素。由于局部道路的轨迹比较稀疏,当轨迹之间的最大距离超过缓冲区半径 γ 的两倍时,融合后的道路缓冲区表面元素容易在道路内部形成空洞,需要在二值化前根据空洞的面积使用数学形态学进行填补。光栅化的浮动车辆轨迹数据一方面可以降低计算复杂度,同时可以补偿遥感影像中的阴影和遮挡,提供互补的道路特征。

图 5-8 是分别从遥感影像和浮动车辆轨迹数据中提取的结果,以及融合后的结果。基于所提出的 DAD-LinkNet 模型,它可以更好地提取原始图像中可能存在的小路和复杂的道路网络,在提取的道路轮廓上准确地分割出狭窄的道路边缘,而不会出现模糊的像素,更有效、准确、完整地保留遥感影像中的道路细节。它还可以应对没有浮动车辆轨迹的情况。然而,由于阴影或植被遮挡等原因,基于 DAD-LinkNet 模型提取的道路结果存在一些不连续的情况。而基于浮动车辆轨迹数据得到的道路可以弥补 DAD-LinkNet 模型提取的结果的不足,通过融合这两个结果可以得到更完整、更准确的结果。根据实验结果,通过融合从卫星图像和浮动车辆轨迹数据中提取的道路结果,整个道路提取的质量和完整度都得到了提高。这一点也可以从表 5-2 的统计数据中得到验证。

表 5-2　实验 2 道路提取结果定量指标

方　　法	精　　度	召回率	F1 得分	IoU
GPS data	0.646 7	0.547 7	0.577 7	0.432 7
DAD-LinkNet	0.952 6	0.630 7	0.754 9	0.611 1
DAD-LinkNet+GPS data	0.807 9	0.794 1	0.801 2	0.659 2

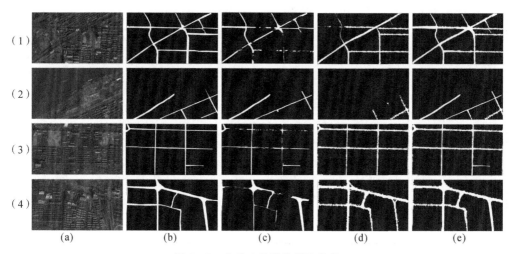

图 5-8　实验 2 的道路提取结果

(a)原始图像;(b)地面实况;(c)DAD-LinkNet;(d)栅格化 GPS 数据;(e)DAD-LinkNet+GPS 数据

5.5.5　结果分析

本节探讨不同权重参数的选择以及注意机制和加权损失函数对实验结果的影响。

(1)最优加权参数测试。对于损失函数的权重参数的选择,为了得到最合适的参数,设 BCE 损失的权重系数为 a,DICE 损失的权重系数为 b,为了实施的方便,将 a 的值设为 1,b 的值进行调整。由于 DICE 损失函数对网络模型最终损失的影响远远小于 BCE 函数对模型最终损失的影响,因此在此预设 a 和 b 的几组比率,分别为 $1:2$、$1:3$、$1:4$ 和 $1:5$,用于测试。这些比率被用作先验测试的权重比率,并在这些比率下计算最终的误差值,以找到结果最好的权重比率。

在设置好相应的 a 和 b 参数比例后,分别进行学习迭代,并比较不同参数下的最终表现。表 5-3 显示了不同比例下道路提取结果的不同评价指标,从中可以发现,当 a 和 b 的比例为 $1:4$ 时,改进后的网络模型具有最佳性能。

表 5-3　不同权重路面提取实验结果

a 和 b 的比例	1:2	1:3	1:4	1:5
IoU	0.963	0.972	0.979	0.967
召回率	0.763	0.769	0.779	0.774
精度	0.834	0.837	0.847	0.842

(2)注意力机制和加权损失函数可以提高道路提取质量。为了考察注意机制和损失函数对道路提取结果的影响,使用 U-Net 网络、D-LinkNet 网络、DAD-LinkNet 网络(未修改损失函数)和 DAD-LinkNet 网络(加权损失函数)进行道路提取,记录不同网络模型在增加迭代次数后的精度、召回率和 IoU 的变化,结果如图 5-9 所示。

1)在精度方面。从图 5-9 可以看出,当迭代次数小于 60 时,D-LinkNet 网络、DAD-LinkNet 网络(未修改的损失函数)和 DAD-LinkNet 网络(加权损失函数)在精度上差别很小,但是都显著优于 U-Net 网络。在 90 次迭代之后,DAD-LinkNet 网络(加权损失函数)在精度方面明显优于 D-LinkNet 网络,并且与 DAD-LinkNet 网络(未修改的损失函数)相比提高了精度。

2)在召回率方面。从图 5-10 所示的实验结果来看,当学习迭代次数较少时,D-LinkNet 网络、DAD-LinkNet 网络(未修改损失函数)以及 DAD-LinkNet 网络(加权损失函数)差别不大,但 U-Net 网络明显优于其他方法。然而,随着迭代次数的增加,修改后的 DAD-LinkNet 网络在召回率方面都呈现出超过 U-Net 以及 D-LinkNet 网络的趋势。同时,通过比较 100 次迭代学习过程中的平均召回率(即图像中的平均斜率),可以发现两个改进的 DAD-LinkNet 网络的平均召回率都大于 D-LinkNet 网络的召回率,说明与原始版本的 D-LinkNet 网络以及 U-Net 网络相比,改进后的网络结构在学习上更有效率。此外,在学习迭代次数达到 100 次后,与 U-Net 和 D-LinkNet 网络模型相比,两个改进的 DAD-LinkNet 网络的召回率有所提高。

3)在 IoU 方面。从图 5-11 可以看出,在学习迭代次数大于 65 次后,DAD-LinkNet 网络(加权损失函数)的 IoU 超过了其他 3 个网络,这说明了基于注意力机制改进 D-LinkNet 网络的合理性。同时,DAD-LinkNet 网络(加权损失函数)的 IoU 从迭代开始就一直大于 DAD-LinkNet 网络(未修改损失函数)的 IoU,说明加权损失函数可以提高道路提取结果的质量。

参考以上 3 个评价指标,可以发现两个改进的 DAD-LinkNet 网络的综合性能比 U-Net 和 D-LinkNet 网络都有明显的优化。此外,采用加权损失函数的 DAD-LinkNet 网络明显优于采用原始版本损失函数的网络,这证明了 DAD-LinkNet 网络的优越性。

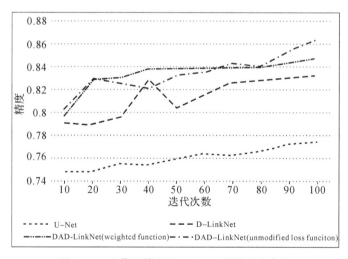

图 5-9　迭代的精度(Precision)指数变化曲线

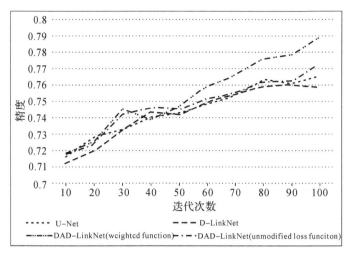

图 5 - 10　迭代的召回率(Recall)指数变化曲线

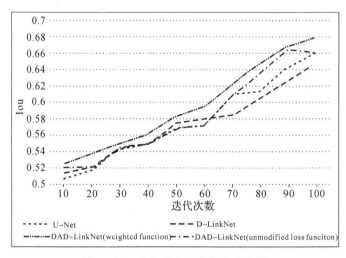

图 5 - 11　迭代的 IoU 指数变化曲线

5.6　本 章 小 结

　　针对多源异构遥感数据,本章提出了一种改进的道路提取网络 DAD - LinkNet,该网络利用自注意机制自适应地融合局部语义特征。为了解决源域和目标域之间的分布差异,本章引入了一种双重注意机制来捕获异质的道路特征,并通过引入一个权重参数来改进损失函数,以提高道路提取结果的准确性。实验结果表明,该方法能有效提高多源异构遥感数据中道路提取的精度。

第6章 集成机载 LiDAR 数据和高分影像的三维道路提取

随着对不同空间数据源的互操作性和集成要求的提高,三维 GIS 引起了学术界、行业和政府越来越多的关注。基于多源遥感数据的三维道路提取由于道路遮挡和拓扑复杂性,仍然是一项艰巨的任务。为了获得高精度的三维道路数据,本章通过集成 LiDAR 点云和高分影像,提出一种新型的三维道路提取框架,并设计新的质量评价因子对提取得到的三维道路数据进行质量评价。

6.1 引 言

地图是对地表真实地物的抽象和简化,电子导航地图的发展得益于地图测绘技术和地理信息技术的进步,传统电子导航地图主要由测绘地理信息部门或企业采集的基础测绘数据为基础构成。随着城市快速更新和发展,电子导航地图的采集和制作技术也逐步趋于成熟。传统电子导航地图的主要服务对象是人,基于人类视觉的强大抽象和信息提取能力,电子导航地图中的道路被极大地精简(陈根,2018;王东波,2018)。随着智能交通和自动驾驶技术的发展,传统的电子导航地图在精度、信息丰度和完整度方面已经不能满足更高层次的要求,因此,针对道路的高精度地图被逐步提出并得到了广泛的关注和讨论。

目前,大多数自动驾驶团队和地图公司都依赖于安装在车辆上的昂贵传感器(包括 LiDAR、全景相机以及惯性导航设备等),通过驾驶这些车辆在城市中行驶来捕捉激光点云和光学影像等数据,然后使用半手工的方法来创建高精道路地图。通过这种方式可以获得非常准确的结果,但是覆盖率非常有限且成本昂贵。通过对比谷歌和特斯拉的自动驾驶技术可以发现:谷歌通过提前绘制的高精地图,再加上高精度的传感器来实现自动驾驶,这一方案可靠但非常昂贵;而特斯拉不依赖离线的高精度地图,使用一些比较成熟的高级辅助驾驶系统,只能做到低成本、低安全性的自动驾驶。因此,从目前的自动驾驶方案上可以看出,精细的三维道路地图是实现高安全性自动驾驶的重要保障。然而,三维道路地图绘制的难点之一在于更新和维护,因为现实中道路场景经常发生变化,比如道路维护、结构的改变以及周围场景的变化,目前的解决方案是通过无人驾驶汽车上的激光雷达传感器建立初始的地图数据,并使用二维图像数据在无人车的测试和运行中实时地更新地图,实现可维护的高精度地图方案,但这种方案对道路网重要节点结构的改变,例如新增的高架桥道路,很难做到高效的更新。

　　针对高精地图中的三维道路数据的更新难度大、效率低的问题,本章提出一种基于机载 LiDAR 点云和高分影像的三维道路提取方法,并提出针对三维道路数据的质量评价因子用于三维道路的质量评价。

6.2　三维道路提取方法

　　本节介绍了一种融合多源遥感数据的三维道路提取方法,包括 3 个阶段:基于多源数据的路面提取、道路分层和点云滤波以及道路高程插值(见图 6-1)。首先,从高分影像中提取道路表面,从 LiDAR 点云中分割出道路区域的 LiDAR 点。利用 ArcGIS 软件将栅格形式的道路表面数据转化为矢量形式的道路多边形数据。结果,每个道路多边形都被分配了一个道路 ID。然后,数据处理分为两个步骤:第一步是使用基于平均高程值的自动道路分层算法,对二维道路多边形的高度进行排序,并根据高程值从低到高指定道路多边形的层值;第二步是根据不同的地形因素,对道路点云数据进行滤波。最后,采用基于最小二乘的高程插值技术,恢复高架桥部分的道路高度值,实现三维道路的提取。

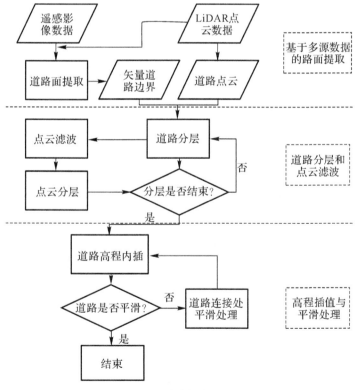

图 6-1　三维道路提取方法流程图

6.2.1 基于多源数据的路面提取

由于高分影像和机载 LiDAR 数据的获取方法不同,道路的性能特征也不同。一般来说,高分影像中道路的光谱和纹理特征丰富,边缘特征明显。然而,这些特征也包含相当大的噪声和遮挡。机载 LiDAR 数据不仅包含准确的高程信息,还包含激光回波和强度信息,可用于在道路提取中提供辅助信息。因此,结合这两个数据源可以提高三维道路提取的效果和准确性。

基于多源数据的道路面提取流程图如图 6-2 所示。首先,在高分影像和机载 LiDAR 数据的基础上,进行多尺度分割和特征提取。然后,采用第 4 章提出的多尺度协同道路提取方法进行道路提取,并将提取得到的栅格形式的路面转化为平面矢量数据,作为下一步道路提取和三维点云道路提取的二维矢量道路底图。图 6-3 所示为一个基于多源遥感数据的路面提取的例子。

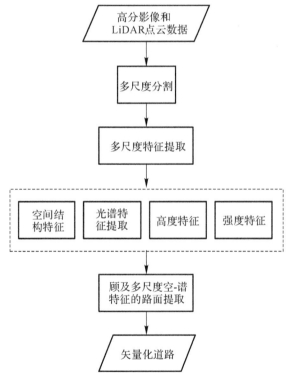

图 6-2 基于多源数据的路面提取流程图

从点云中提取道路面点。采用二维矢量道路边缘作为道路点云提取的几何约束。为了消除路面噪声,排除了道路边缘上的点。点云数据裁切主要是为了降低数据量,利用现有的空间分析方法(如空间叠置分析和缓冲区分析)将落入道路内的点云从全部点云数据集中提取出来,用于后续的道路分层和点云滤波处理。

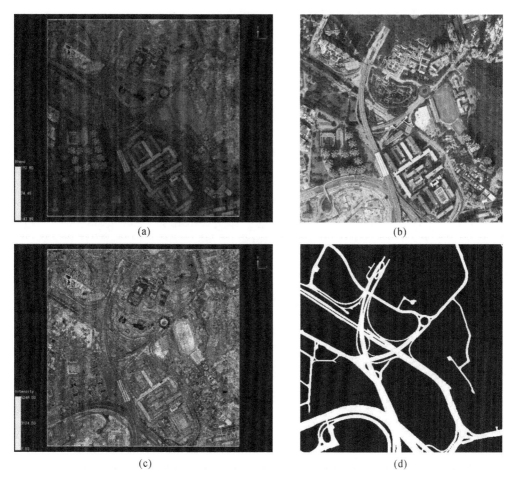

(a)　　　　　　　　　　　　　　　(b)

(c)　　　　　　　　　　　　　　　(d)

图 6-3　基于多源数据的路面提取示例

(a)点云高程信息;(b)高分影像;(c)点云强度信息;(d)路面提取结果

6.2.2　道路分层和点云滤波

该部分包括高架桥区域道路的自动分层和根据不同地形因素的点云滤波。首先,提出一种基于平均高程值的道路自动分层算法,对二维道路多边形的高度进行排序,并指定道路多边形的层值。其次,引入多因素点云滤波方法对道路点云数据进行滤波。主要技术流程如图 6-4 所示。

6.2.2.1　道路自动分层

由于城市区域立交桥和高架桥的存在造成不同道路的交叉和重叠现象(见图 6-5),各个层级的高架桥互相交叉,不同路段的高架桥情况不同,高架桥交叉复杂,因此为了提高三维道路提取的精度,降低点云滤波的难度,应该按高程对道路进行分级。这个过程的目的是在属性表中使用"级别"属性值标记每个道路多边形的级别(级别值越大表明道路的高程层级越高)。道路的分层是依据两条规则:第一条规则是道路高度,它由道路多边形内 LiDAR 数据点的高程中值来反映;第二条规则是道路类型,一般的假设是位于地表的道路的层级为 0,立交桥和高架桥道路的层级不应小于 2。在实际的算法设计中,应该同时考虑这两条规则来确定每个道路多边形的级别,并将其值记录在多边形的"级别"属性字段中。

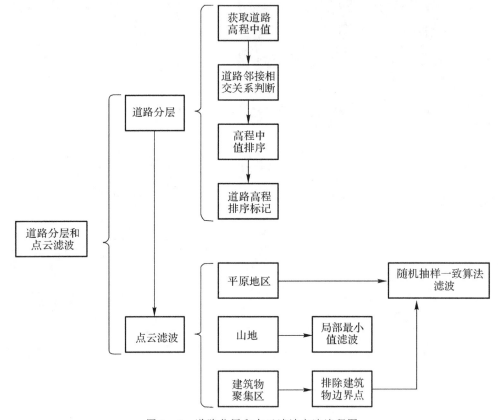

图 6-4 道路分层和点云滤波方法流程图

本节提出的道路自动分层算法通过统计落入道路多边形内的点云的高程中值对道路进行高程排序,进而获得目标区域内不同道路的高度层级,该算法的具体步骤参见表 6-1。

表 6-1 道路自动分层算法步骤

步骤 1:根据道路 ID 遍历所有道路多边形。

步骤 2:获取落入该段道路内的点云并计算这些点云的高程值的中值,作为该段道路面的高程标记值。

步骤 3:通过空间分析的方法获取所有与当前道路多边形有空间邻接或重叠关系的道路。

步骤 4:对于和当前道路存在上述空间关系的所有道路(包括当前道路)的高程标记值进行排序。

步骤 5:判断与其序号值相邻的道路是否已经标记过道路层次:若是,则当前道路的高程层次应该介于相邻面的层次之间;否则将当前排序的序号值赋给当前道路作为道路层次。若二维道路矢量数据有道路类型属性,则该过程也可以结合道路已有的相关属性信息加以辅助判断。

 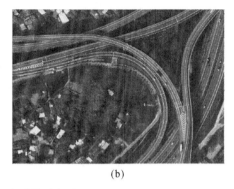

(a)　　　　　　　　　　　　　　　　　(b)

图 6-5　道路交叉和重叠示意图
(a)谷歌地球三维场景视图;(b)遥感影像视图

6.2.2.2　点云滤波

道路点云滤波是提高道路高程插值精度必不可少的数据预处理过程。针对大范围的道路区域,根据地形的高低起伏和密集建筑物等的特殊情况,需要根据不同情况选用不同的滤波策略。本节将分为三种情况进行滤波处理(见图 6-4),其中:"平原地区"是指海拔不高的地区;"山地"是指海拔高、地形起伏大的地区;"建筑物聚集区"是指高层建筑较多的区域,在这些地区,建筑物和道路通常非常接近,并且经常在二维地图上相互邻接(具有共同的边缘)。

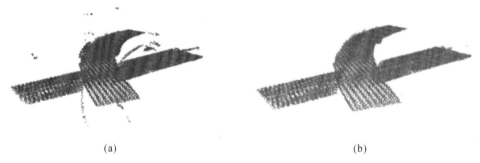

(a)　　　　　　　　　　　　　　　　　(b)

图 6-6　基于 RANSAC 的滤波算法示例
(a)滤波前;(b)滤波后

本节将根据以下这三种情况进行分别设计相应的滤波方法。

(1)平原地区。对于地形起伏比较小地区的道路,采用随机抽样一致算法(Random Sample Consensus,RANSAC)算法对落在道路多边形内的激光雷达数据点进行滤波。RANSAC 是一种鲁棒模型拟合算法,适用于存在大量异常数据点的情况,滤波算法的效果如图 6-6 所示。基于 RANSAC 的道路滤波算法的具体步骤见表 6-2。

表 6-2　RANSAC 滤波算法步骤

步骤 1:对任一道路 R,获取落入道路面内的点;
步骤 2:随机选择可以满足模型参数的最小数量(初始值为50)的点;
步骤 3:利用选择的点的集合计算模型的参数;

续表

步骤4:判断满足预设阈值的点的数量,并标记为内部点;
步骤5:如果内部点的数量部分超出了预设的阈值,那么就用已经确定的内部点重新估计模型的参数并终止;
步骤6:否则,重复步骤1~4(直到达到最大次数 N 为止);
步骤7:移除所有非内部点,算法结束。

（2）山地。针对植被密集且地形起伏较大的山地或丘陵地区的道路,提出了一种基于 Delaunay 三角剖分的局部最小值滤波（Local Minimum Filtering,LMF）算法,算法示意图如图6-7所示。应用 LMF 算法进行道路点云滤波可以消除山地或丘陵地区高程异常的路面点。LMF 算法用于选择正确的山地道路点,选择道路点的数量根据对高程插值算法所需的最小数量点的估计得到,如果道路多边形顶点数为 n,则至少需选择约 $n/2$ 个道路点,LMF 算法的执行步骤见表6-3。

表6-3 局部最小值滤波算法步骤

步骤1:为每个道路多边形构建 Delaunay 三角剖分;
步骤2:选择每个 Delaunay 三角形中具有最小 Z 值的点作为初始点集 P;
步骤3:根据初始点集 P,通过移动最小二乘法拟合表面 S;
步骤4:计算其他 LiDAR 点到表面 S 的距离;
步骤5:将距离表面 S 的距离超过阈值（0.2 m）的点作为异常值;
步骤6:从点云中移除异常值;
步骤7:若该过程完成,则算法结束,否则转到步骤1。

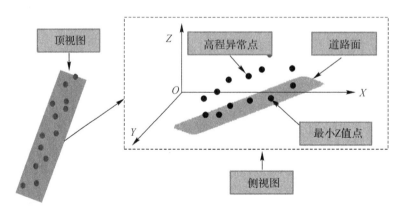

图6-7 局部最小值滤波算法示意图

（3）建筑物聚集区。针对建筑物聚集区,由于道路可能与建筑物之间有覆盖或者邻接的关系,因此首先对点云进行预处理,避免对接下来的高程内插造成影响。主要通过空间分析中的缓冲区方法,建立建筑物面的缓冲区,将落入建筑物或者与建筑物的边界处较为接近的点移除,然后再利用 RANSAC 滤波的方法进行道路点云滤波。

6.2.3　高程插值与平滑处理

(1)道路节点高程内插。利用滤波后的点云数据集 P,对每个道路面的节点构建缓冲区,并计算落入缓冲区内并且与当前道路节点所在的道路层次相同的点的中值作为当前道路节点的初始高程值,并保存下;如果当前节点搜索到的符合条件的高程点的个数为 0,那么,将当前节点的高程值标记为 0。

在一段道路处理完毕后,利用高程不为 0 的节点的高程值,通过基于最小二乘拟合的内插方法,内插出高程为 0 的节点的高程值,并保存下来,具体求解过程如下。

构建一个拟合平面,设该平面方程为

$$z = f(x, y) = -xp_1 - yp_2 + p_3 \qquad (6-1)$$

式中:p_1 和 p_2 是两个斜率参数;p_3 是一个距离参数。

可以将该方程重写为线性方程组的形式,即

$$E\{y\} = Ax \qquad (6-2)$$

式中:y 包含观测值(激光点的 z 值);x 是三个未知平面参数的矢量矩阵 A 包含有关激光点配置的信息,其中矩阵 A 每行包括单个激光点($-x, -y, 1$)的水平位置矢量。由此可得

$$E\left\{\begin{matrix} z_1 \\ z_2 \\ z_3 \\ \vdots \\ z_n \end{matrix}\right\} = \begin{bmatrix} -x_1 & -y_1 & 1 \\ -x_2 & -y_2 & 1 \\ -x_3 & -y_3 & 1 \\ \vdots & \vdots & \vdots \\ -x_n & -y_n & 1 \end{bmatrix} \begin{bmatrix} p_1 \\ p_2 \\ p_3 \end{bmatrix} \qquad (6-3)$$

为了在最小二乘平差中求解这些方程,给出观测值的权重,并通过下式估算平面参数:

$$\hat{x} = (A^* Q_y^{-1} A)^{-1} A^* Q_y^{-1} y \qquad (6-4)$$

式中:Q_y 为观测值的权重矩阵,若等权,则 $Q_y = I_n$。

(2)道路平滑处理。道路平滑过程包括处理道路中的高程异常,以及道路之间的接合处的平滑过渡和高程异常处理。道路的平滑处理算法根据相关道路设计标准计算道路相邻节点间的道路坡度,找到道路高程异常点,并利用非高程异常点作为已知点,从高程异常点的最小二乘曲线拟合方法出发,通过多项式拟合计算异常点的新高程值,得到最终的路径方程,从而实现道路的平滑处理。道路平滑处理算法的示意图如图 6-8 所示。

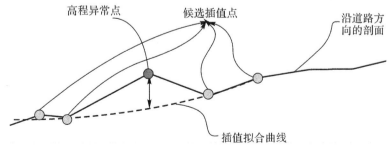

图 6-8　道路平滑示意图

道路连接处平滑处理的过程包括以下子步骤:

步骤1:根据相关道路标准(如坡度信息)进行道路节点的高程异常检测;

步骤2:对检测出的高程异常点进行标记;

步骤3:对标记的高程异常点利用最小二乘曲线拟合等拟合或内插方法进行拟合,并根据拟合结果内插出新的高程值。

6.3　三维道路质量评价因子

三维道路多边形数据是通过将二维道路多边形数据与 LiDAR 点云通过高程内插算法集成而创建的。所创建的三维道路数据集的质量主要反映在垂直精度、连通性、高程异常和完整性等方面。根据三维道路的特点,提出 4 个适用于三维道路数据的质量评价指标,详细信息如下所示。

6.3.1　完整性

数据集的完整性由替代误差和遗漏误差来衡量。替代错误指示数据集中存在的多余数据,遗漏错误指示数据集中不存在的数据。

$$e_{\text{commission}} = \left\langle \frac{N_{\text{ER}}}{N_{\text{2D}}} \right\rangle \times 100\% \tag{6-5}$$

$$e_{\text{omission}} = \left\langle \frac{N_{\text{AR}}}{N_{\text{2D}}} \right\rangle \times 100\% \tag{6-6}$$

$$e_{\text{completeness}} = \left\langle \frac{N_{\text{ER}} + N_{\text{AR}}}{N_{\text{2D}}} \right\rangle \times 100\% \tag{6-7}$$

式中:$e_{\text{commission}}$ 表示替代误差;e_{omission} 表示遗漏误差;$e_{\text{completeness}}$ 表示数据完整度;N_{ER} 为三维道路多边形数据集中多余的道路多边形数量;N_{AR} 为三维道路多边形数据集中缺失道路多边形的个数;N_{2D} 是二维道路多边形数据集中多边形的个数。

首先计算二维和三维道路多边形数据集中的道路多边形数量,然后通过统计提取结果中高程未赋值的三维道路多边形的个数作为缺失多边形个数,统计提取结果中新增三维道路多边形的 ID 在原二维道路多边形中无法找到对应 ID 的多边形个数作为多余的道路多边形数量,最后计算替代误差和遗漏误差。

6.3.2　道路连通性

对于连接的三维道路多边形,具有相同(x,y)坐标的点应具有相同的高度值。连接错误表示为

$$e_{\text{connectivity}} = \left\langle \frac{N_{\text{PE}}}{N_{\text{2D}}} \right\rangle \times 100\% \tag{6-8}$$

式中:$e_{\text{connectivity}}$ 表示连接错误;N_{PE} 为坐标相同(x,y)高度不同的多边形数;N_{2D} 为二维道路多边形数据集中多边形的个数。

检查道路多边形,交叉口多边形和附属道路多边形内的所有顶点。那些顶点在同一层中并且具有相同的(x, y)坐标但是具有不同的z值的多边形,将被识别为具有连通性错误的道路多边形。

6.3.3　垂直精度

绝对垂直精度通过各个三维道路多边形的检查点高度的均方根误差(Root Mean Square Error,RMSE)来测量。垂直精度指标的阈值为±0.4 m。

生成的三维道路的垂直精度根据具有更高垂直精度的测量点进行评估。以下方法用于计算垂直精度错误:

$$m = \pm\sqrt{\frac{[\Delta\Delta]}{n-1}} \tag{5-1}$$

式中:Δ 为三维道路多边形中与参考数据具有相同(x, y)坐标的点与参考点之间的高程差;n 是参考点的个数。

6.3.4　道路起伏度

为了避免路面起伏过大的情况,提出了一种路面起伏检测算法,用于检测坡度值过大的路段。采用起伏检测算法自动进行道路起伏检测。对于道路多边形中沿道路方向的每条边,其坡度由其端点顶点的坐标计算。将道路起伏度检查的阈值设置为±0.15,即若相邻边的两个坡度值之间的差值超过这个阈值,则认为道路起伏度过大,需要使用平滑算法或手动编辑来标记和更正相关顶点。

设任意两个道路节点的坐标为$p_1 = (x_1, y_1, z_1)$,$p_2 = (x_2, y_2, z_2)$,那么这两点之间的道路坡度值的计算公式为

$$\text{Slope} = \tan\theta = \frac{\Delta h}{\text{dis}(p_1, p_2)} \tag{5-2}$$

$$\Delta h = |z_1 - z_2| \tag{5-3}$$

$$\text{dis}(p_1, p_2) = \sqrt{(x_1 - x_2)^2 + (y_1 - y_2)^2} \tag{5-4}$$

因此,道路起伏度的计算公式为

$$R_i = |\text{Slope}_i - \text{Slope}_{i-1}|, \quad i = 2, 3, \cdots, n \tag{5-5}$$

式中:R_i 表示第i个路段的起伏度值;n 表示道路节点的个数。

6.4　实验与分析

6.4.1　实验数据

以整个香港岛为研究区域,通过本章提出的方法进行三维道路提取,其中二维道路多边形数据是基于香港岛的高分影像数据和机载 LiDAR 数据使用第 4 章的方法进行提取,并将

提取结果转化为二维矢量数据。二维道路多边形数据集包括道路多边形和附属道路多边形两种要素。研究区域内道路多边形要素的近似数量约为 11 500 个,总体道路长度约为 770 km。其水平位置参考系为香港 1980 网格参考系。

机载 LiDAR 数据是在 2010 年使用 Optech Gemini ALTM 激光雷达传感器获得的。水平位置参考系为香港 1980 网格参考系,垂直位置参考系为香港高程基准参考系。LiDAR 数据的最大点间距为 0.5 m,LiDAR 数据的垂直精度和水平精度分别在 0.1 m 和 0.3 m 左右,置信区间为 95%。

6.4.2 结果分析

利用本章提出的三维道路提取方法,综合使用香港岛的高分影像数据、机载 LiDAR 数据和其他辅助数据,最终生成的三维道路多边形数据结果包括所有指定数据集的综合高度信息,图 6-9 展示了 4 个区域的局部三维道路实景图和三维道路提取结果示例,图中 A、B、C、D 分别表示 4 个测试区域,其中第一列为实景三维影像,第二列为在地理信息系统中的三维视图。

利用 6.3 节提出的质量评价因子对三维道路提取的结果进行质量检查,其中大部分具有定量结果的质量评价过程是通过计算机程序自动进行的,其余无法定量统计的结果是手动进行的。表 6-4 显示了所提取的三维道路数据的质量评价统计结果,其中统计了不满足各质量评价指标的错误道路节点总数以及错误道路个数。图 6-10 显示了各个质量指标经过归一化后的错误率统计结果。

根据表 6-4 的统计结果可以看出,生成的三维道路数据中,容易出错的质量元素主要是垂直精度和道路起伏度错误。造成这两个误差的原因有很多,其中主要因素是机载 LiDAR 点云数据本身的准确性、道路高程穿插算法和点云滤波算法造成的误差。

表 6-4 质量评价统计结果

检查项目	实验区域 I (多边形数:2 916)		实验区域 II (多边形数:8 386)	
	错误节点数	错误道路数	错误节点数	错误道路数
完整度	43	9	86	24
连通度	11	6	64	48
垂直精度（RMSE>±0.4）	17	17	75	72
起伏度（阈值 0.15）	54	30	421	269

三维道路提取结果中的完整性错误主要是由于高程插值阶段引起的。鉴于部分道路多边形面积较小,或者部分道路没有足够的 LiDAR 点,在高程插值阶段无法进行道路高程插值。正如最终的三维道路提取结果所反映的那样,道路多边形的节点不存在高程值。

两个测试区域的连接错误率都很低。连通性错误是由道路插值过程引起的,其中每个道路多边形都应单独遍历和插值。因此,可以使用不同的 LiDAR 点对两条连接道路交界处的公共节点的高程值进行插值,从而导致公共点的高程值不一致。每个测试区域的连接错误率很低,因为使用计算机算法进行的自动检查会导致对该错误类型的误检。鉴于道路连通性检测算法会错误地将一些实际上没有连通的道路报告为连通性错误,因此人工排除后存在连通性错误的道路较少。

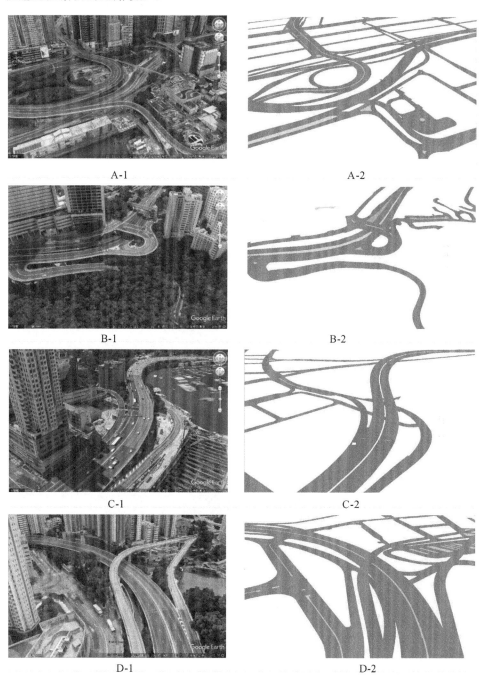

A-1 A-2

B-1 B-2

C-1 C-2

D-1 D-2

图 6-9　三维道路局部展示图

具有高程异常问题的道路是指高程均方根误差(RMSE)大于 0.4 m 的道路多边形。使用人工采集的道路多边形内精度较高的高度检查点计算道路的垂直精度。部分地区道路标高异常是由激光雷达点云滤波算法引起的。虽然应用了不同的滤波算法来满足各种路况，但自动滤波的方法仍然会导致部分道路的过多 LiDAR 点被过滤掉，导致部分道路的 LiDAR 点不足。此外，由于道路多边形本身包含的 LiDAR 点很少，因此在一些极小的道路多边形中缺少 LiDAR 点。

图 6-11 描述了实验区域 II 比实验区域 I 检测出了更多的错误。测试区域 II 有 8 386 个道路多边形，而测试区域 I 只有 2 916 个道路多边形。测试区域 II 的道路多边形数量是测试区域 I 的 3 倍。从道路复杂性的角度来看，测试区域 II 的道路结构比测试区域 I 的复杂，是因为高架桥的存在导致的。这些因素使得测试区域 II 中的 3D 道路提取过程更加困难和容易出错。

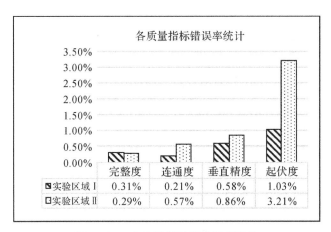

图 6-10　各质量指标的错误率统计

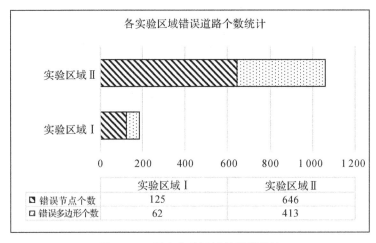

图 6-11　两个实验区域的错误统计

波动误差是由道路上相邻点的 z 值沿道路方向波动引起的。研究区域内道路坡度不为 0.15。然而,在实际数据中,在一条道路的两个路段的交界处,可能会出现公共节点属于不同道路实体的情况,这使得检测相邻道路之间的起伏变得困难。由于高程插值中使用的插值算法的边缘和滤波算法中的误差,由插值算法和 LiDAR 滤波算法引起道路起伏问题。LiDAR 点云中包含的噪声点和 LiDAR 数据本身的点误差也会影响插值的重新计算以及道路的真实高程值。

大多数起伏的道路位于丘陵地区,起伏的道路节点通常位于道路面的拐角区域。对于两个相邻路径面的公共顶点,可以通过手动校正来修复起伏度过大的错误。其他顶点的起伏度错误可以使用 6.2.3 节中提出的道路平滑算法自动校正。

6.4.3　预期应用

高精度的三维道路模型是高精地图道路模型的基础,使用本章所提出的三维道路提取方法可用于高精地图的道路模型中,为高精地图模型的道路三维信息的获取提供技术支撑。OpenDRIVE(http://www.opendrive.org)是一种开源的道路网逻辑描述的文件格式,由两个部分的数据构成,分别是道路和车道数据以及道路附属设施数据,其中道路和车道的形状是构成道路和车道数据的基础,其模型为三维道路模型,在此基础上可以通过计算得到道路的曲率和坡度等属性。OpenDRIVE 格式最早用于驾驶模拟器中的路网数据文件的存储,目前随着自动驾驶技术的发展,该格式也用于自动驾驶汽车中的高精地图。基于该格式对道路形状的描述可以看出,本章提出的三维道路提取方法可以为接下来香港地区自动驾驶汽车的高精地图数据标准的制定以及高精地图数据的采集和创建提供有效的技术支持。

在最终的三维道路数据的生成结果中,虽然经过质量检查发现了一些道路存在质量问题,但是相对于整个研究区域的道路多边形总数,出现错误的道路多边形数量仍在可控制的范围内,可以使用人工修改加以修正。另外,经过垂直精度检查,研究区域的所有道路多边形的总体垂直精度为 0.080 27 m,根据目前公开渠道得知自动驾驶汽车所需高精地图的垂直精度一般为 5~20 cm。由此可知,根据本章提出的方法生成的三维道路在垂直精度方面完全可以满足高精地图中三维道路模型的构建要求。

6.5　本 章 小 结

本章对基于机载 LiDAR 数据和高分影像数据的三维道路提取方法进行了研究,在高精地图的构建中,精确的三维道路模型是最重要的,当前的高精地图的创建方法往往基于自动驾驶汽车的传感器,昂贵且耗时。基于现有的高分影像和机载 LiDAR 数据,本章提出了一种集成多源数据的三维道路提取方法,致力于解决 LiDAR 数据在点云道路目标的分割、滤波和三维道路提取方面存在的问题,在道路点云数据裁切、高架桥道路自动分层、点云滤波、道路高程内插和道路连接与平滑处理等方面提出了一系列的数据处理算法。在此基础上,本章还提出了针对三维道路数据的质量评价指标,并使用香港地区的数据进行了实验。实验结果表面,使用本章提出的方法创建的三维道路数据达到了高精地图中三维道路模型所需要的精度要求,本章的方法为高精地图应用提供了新的解决方案。

第7章　深度学习在多源异构遥感
数据道路提取中的应用

随着科技发展进入大数据与人工智能新时代,出现了愈来愈多的不同学科和领域的交叉融合。深度学习应用于计算机视觉领域的思想逐渐渗透到遥感领域,为遥感影像道路提取提供了新的思路。近年来,基于深度学习理论与技术的道路提取方法层出不穷,尽管这些方法取得了令人鼓舞的进展,但遥感影像远比自然影像复杂得多,基于深度学习的遥感影像道路提取研究尚未完善,仍是富有挑战性的课题。本章通过追踪国内外遥感与计算机视觉在深度学习领域的最新研究成果,关注基于深度学习的道路提取方法,构建了高分辨遥感影像语义分割道路数据集,同时设计了支持跳跃连接与多路径选择的动态路由神经网络(Dynamic Routing Network,DR-Net)。

7.1　引　　言

21世纪以来,随着科技水平的迅猛发展,新一轮科技革命与产业变革的大幕早已掀开。人工智能作为改变人类未来的技术之一,已渗透到人们日常生活的方方面面,成为世界各地推动科技发展、实现产业升级、赢得全球竞争主动权的关键手段。深度学习作为人工智能技术中的一个重要的分支,主要通过多层的特征提取层抽象出道路目标的高级特征,实现对影像中潜在、有价值特征的自动、准确理解与处理。研究人员围绕面向道路提取这一问题,提出和改进了许多表现良好的模型和算法,基于深度学习的道路提取方法不仅可以实现高效、自动的道路提取,还可以解决传统道路提取方法因影像空间分辨率过高等因素导致的"同物异谱"和"同谱异物"等问题。

尽管深度学习已成功应用于道路提取任务并取得了较为丰硕的研究成果,但是针对遥感影像中道路与背景分布不均和多尺度问题的研究仍是富有挑战性。目前,无论是基于人工经验专门设计的还是基于结构搜索推理出的网络结构,都是在一个预定义的网络结构中对目标数据进行特征表达,缺少对遥感场景中多尺度道路的适应性。因此,亟待研究缓解语义表示中尺度差异问题的网络模型实现更为鲁棒的新方法。

基于此,本章以高分影像中的道路作为研究对象,针对遥感影像中道路与背景分布不均和道路的多尺度问题,提出多尺度道路数据集构建方法和动态路由神经网络方法,以期在精度和自动化程度等方面发展出更为有效的道路提取算法。

7.2　动态神经网络框架

过去十几年,CNN 模型在图像处理、自然语言处理等多个模式识别领域取得了突破性的成果。相比于人工神经网络,CNN 最大的优点是减少了网络中参数的数量,可以满足研究人员使用更大规模的网络模型来解决更加复杂的任务。CNN 在解决图像处理任务的过程中假设目标不具有空间依赖性的特征,如在道路提取任务中,唯一需要考虑的是如何检测出它们,而无须关心道路目标在输入图像中的位置;CNN 在向更深层传播时,抽取到的高级抽象特征可以结合低层特征(边缘、纹理、形状等特征)更高效地完成图像处理任务。

AlexNet 是 2012 年 ImageNet 图像分类竞赛中提出的 CNN 模型,也是第一个证明深度学习在计算机视觉任务中是有效的 CNN 模型。之后随着不断深入的研究,VGG、ResNet、GoogleNet 等经典的 CNN 网络被相继提出被应用各个领域之中,推动了深度学习的快速发展。

动态神经网络是近 3 年来深度学习领域的一个热门方向。静态神经网络与动态神经网络相比,由于静态网络结构和模型中的参数是固定不变的原因,其在表达能力、执行效率和模型的可解释性上都受到了限制,而动态网络可以根据不同的输入对网络结构或参数进行调整,相较于静态网络,其在以下方面更具优势。

(1)计算效率和表达能力。动态神经网络最显著的优点是有选择地激活输入条件下的各类模型组件(如通道或子网络),即能够按需分配计算资源提升计算效率。例如,根据不同的输入将较少的计算资源分配在相对容易识别的样本任务中,将更多的计算资源集中在相对难识别的样本任务中。

同时,动态神经通过动态调节网络的结构或参数,使得动态神经网络具有数据依赖性的特点,模型在结构和参数空间上获得了显著的扩展和改进,实现了在增加了极小计算开销的基础上大幅度提升了模型的表达能力。此外,常用的注意力机制也可以被统一到动态神经网络的框架中。

(2)自适应能力和兼容性。动态神经网络能够在处理不同的计算预算时,通过改变模型结构复杂度和参数等方法,在模型的精度和计算效率之间实现动态的平衡。因此,与计算成本、参数或其他条件固定的静态神经网络相比,动态神经网络更能适应不同的应用场景和硬件平台变化。

在兼容性方面,动态网络并非"另起炉灶",它不仅可以继承一些轻量级模型或其他深度学习领域中的架构创新和先进技术,还可以通过神经网络架构搜索方法进行网络结构的初始化设计,也可以利用静态模型的常用的加速方法,如网络剪枝、权重量化等方法进一步提高网络效率。

(3)可解释性。人的大脑在处理信息时是动态处理的,遇到不同的信息人脑会激活不同的神经元来处理信息。动态神经网络在一定程度上就是根据此思想进行设计,即在处理样本输入时,分析模型中的哪些组件应该被激活,哪一部分结构应当被保留。相较于静态神经网络,动态神经网络可以缩小深层模型和大脑潜在机制之间的差距,提升网络模型结构的可解释性。

在现实场景中,输入样本的规范性或"难度"是不同的,规范的样本即为模型认为的"简单"样本,非规范样本被模型认为"困难"样本,如图7-1所示。动态结构神经网络的提出源于考虑到不同的输入有不同的计算需求,从而衍生出基于每个输入样本的动态结构。具体来说,动态结构神经网络可以依据不同的输入样本的"难度"动态调整网络的深度和宽度,或者在一个超网络中执行动态路由,生成数据自适应的结构。动态结构神经网络不仅为简单规范的样本节省了冗余计算,同时在识别困难非规范样本时保持了网络的表达能力。与静态模型相比,动态结构神经网络在效率方面具有很明显的优势,因为静态模型只能使用相同的计算成本处理"容易"或困难"输入样本,无法减少在处理"简单"样本时固有的冗余计算。

图7-1 简单与困难样本示意图

(a)马的"简单"样本;(b)鸟的"简单"样本;(c)马的"困难"样本;(d)鸟的"困难"样本

7.2.1 动态深度神经网络

动态深度神经网络主要通过早退机制或跳层机制实现。

(1)早退机制。如图7-2所示,早退机制即对于一个理想的动态深度神经网络,简单样本应该在网络的浅层输出结果,而不执行更深层的计算从而提高网络的效率。动态深度的一种经典的实现方法是在网络的中间层添加分类器,通过置信率或者自定义的评价函数指标根据样本的输入"难度"实现数据自适应的早退机制(Leroux et al.,2017)。

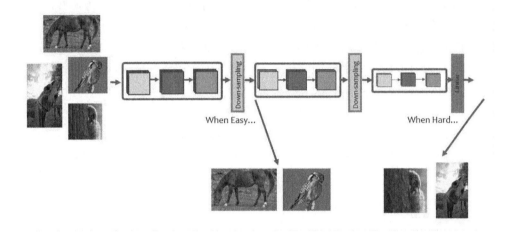

图 7-2　早退机制示意图

（2）跳层机制。早退是在经过中间某层的分类器后,更深层的推理不再执行。而跳层机制是通过一些"选择模块"跳过网络一些中间层直接进行深层的特征提取,这种思想通常在一些支持跳跃连接(如 ResNet)的网络结构中出现,以保证前向传播不会发生中断。

实现跳层的选择模块有停止函数(Halting Score)和门控函数(Gating Function)两种方式。其中门控函数因其计算开销小,具有"即插即用"的特性,是目前动态跳转中的热门选择。SkipNet 和 Convg-Aig 是两种典型的通过跳层方法实现动态深度的神经网络结构。图 7-3 表示以 ResNet 为例结合门控函数的跳层操作。

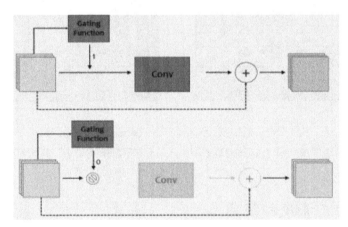

图 7-3　基于门控实现的跳层结构

7.2.2　动态宽度神经网络

动态宽度神经网络的思想是模型在深度上的每一层都执行,但是每层中的神经元、通道或者分支都将根据不同的输入样本而被动态的激活。相较于动态深度神经网络,是一种更加细粒度的动态结构。本小节从通道维度上讲述动态宽度神经网络的两种实现方式,它们的共同点是:对于"简单"的输入样本,选择窄一点,卷积通道少一点的网络,对于"困难"的输入样本,选择宽一点的,卷积通道多一点的网络。动态宽度神经网络通常通过多阶段和剪枝的思想实现。

(1)多阶段通道结构。早退结构网络可以看作是一个深度维度的多阶段结构。同理,动态宽度神经网络一种实现方式就是在通道的维度构建多阶段模型,根据不同难度的输入样本在不同的通道宽度的结构中得到一个最优阶段的输出。S2DNAS 中就基于图 7-4 的方法来实现。

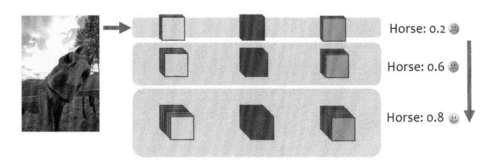

图 7-4　多阶段通道结构

(2)动态剪枝。通道剪枝的依据是卷积神经网络中的通道之间通常是冗余的。另外,同一个通道在不同样本上体现的重要性不同,通道动态剪枝的目的是根据不同的输入自适应的选择通道。通道的选择模块仍然使用门控模块,动态剪枝示意图如图 7-5 所示。

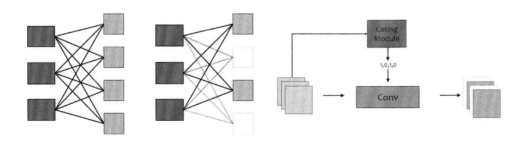

图 7-5　动态剪枝示意图

以 CNN 模型为例,图 7-5(a)左边简单表示一个卷积层,其中三个深灰色矩形代表输入卷积通道,浅灰色的 4 个代表输出卷积通道,图 7-5 右边表示动态剪枝操作。原理如图

7-5(b),其通过门控模块生成一个四维的向量(1,0,1,0)从而根据输入动态地选择要输出的通道,降低了一半的计算量。这种通过减少卷积通道数目的操作与传统的静态网络剪枝思想相似,但两者之间的区别在于,静态网络的剪枝操作根据各式各样定义的标准永久的从网络去除该通道,而动态宽度中减少的通道是根据输入样本中的特征来决定的,所以动态宽度对于输入数据具有更强的自适应性,不同的输入对应不同的保留通道,可以大幅度提高网络的表达能力。CondenseNet 和 Network Slimming 都是基于通道剪枝提出的动态宽度神经网络方法。

7.2.3 动态路由神经网络

前文介绍的动态深度和动态宽度神经网络都是在预定义的网络结构中调整深度或宽度。而动态路由神经网络是指在一个超网络结构中,根据不同的输入样本自适应的选择前向传播路径生成对应的网络结构。最简单的动态路由神经网络是在网络的每一层多个候选模块中选取一个执行,即只有一个分支被激活,且不存在特征融合与变换的操作。

另一种是以模糊决策树(Soft Decision Tree,SDT)为代表的树型动态路由网络结构(见图 7-6),SDT 以树作为超网络结构,采用神经单元作为路由节点(图 7-6 中的 Routing node 节点),每个路由节点根据不同的权值将输入分配给其左右子树。最后每个叶节点在输出空间上生成一个概率分布,预测结果为所有叶节点结果的期望值。

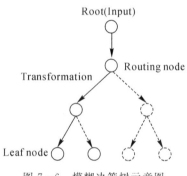

图 7-6 模糊决策树示意图

7.3 多尺度道路数据集构建

7.3.1 现有数据集概述

马萨诸塞州道路数据集是目前道路提取研究中最常用的公开数据集,由 Volodymyr Mnih 在他的博士学位论文中提出(Mnih,2014)。该数据集主要包含了马萨诸塞州及其周边区域的道路影像共 1 171 张。每幅图像的分辨率大小为 1 500×1 500,整体的覆盖面积达到了 2 600 km²。其包含城市道路、郊区道路以及乡镇小路等各种道路类型。在笔者提出该数据集时,道路提取算法的评判标准通常为提取结果的连续性和拓扑结构的完整性等,不将道路的宽度和边缘细节的处理纳入评价标准。因此,在马萨诸塞州道路数据集的制作思路上,笔者使用 OSM(Open Street Map)地图中的道路矢量数据自动生成道路标签的真值区域。OSM 是一个开源的多用户协作地图项目,其中的道路数据主要通过用户手持 GPS 设备协同遥感影像完成。

然而,马萨诸塞州道路数据集并不能满足道路语义分割任务的标准。主要原因有两点:①依靠 OSM 矢量信息生成标注的道路数据集,其质量完全取决于 OSM 数据本身的质量,通过逐张分析发现在训练集中由于数据更新延迟和人工漏标等原因,一些标注数据在对道路连通性表达不完整;②OSM 数据不提供含有路宽的信息,笔者通过 OSM 矢量信息生成自动标注,缺失对不同尺度的道路信息的完整描述,不符合语义分割中基于目标像素分割的思想。

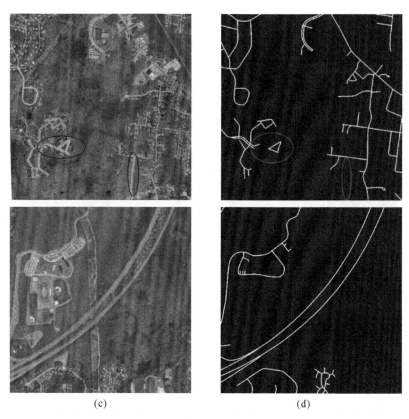

(c)　　　　　　　　(d)

图 7 - 7　马萨诸塞州道路数据集

图 7 - 7(a)(b)展示了因人工漏标和 OSM 数据更新延迟导致的生成的标注数据不完整的情况。图 7 - 7(c)和(d)展示了在马萨诸塞州道路数据集中对所有道路均使用 7 像素宽度的标签生成的道路标注。

7.3.2 数据集制作

（1）数据选取。考虑到道路的多尺度输入问题，因此在挑选符合道路基本特征和模型的数据的基础上，尽可能再选取道路之间尺度差异明显的数据。数据集选取的主要来源包括：①数据集 NWPU VHR-10 中包含道路区域的数据；②DigitalGlobe 公开的一些国外地区遥感影像；③高分二号卫星拍摄的我国部分地区的遥感影像。

NWPU VHR-10 是西北工业大学于 2014 年发布的遥感影像目标检测数据集，它由 800 张高分影像组成，空间分辨率从 0.2 m 到 10 m 均有覆盖，主要分为车辆、飞机、桥梁、房屋、球场、舰船等 10 类目标。这 10 类目标除了船只类别外，其他类别数据大多被道路区域所包围，从密集复杂的城市道路到蜿蜒细长郊区公路，道路之间的尺度差异明显，且常见的道路提取干扰因素如行人、车辆、建筑物阴影也存在道路区域中，对于各种场景与背景的道路信息有着丰富的表达。图 7-8 展示了从 NWPU VHR-10 不同类别中选取中的道路数据。

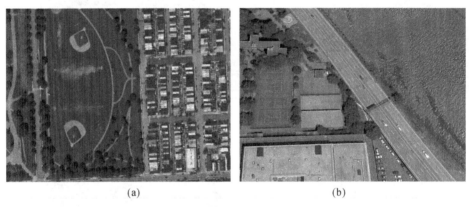

（a）　　　　　　　　　　　　　　（b）

图 7-8　NWPU VHR-10 数据集中不同尺度的道路

DigitalGlobe 是全球知名的卫星数据公司数字地球。选取其中包含道路区域的图像数据共 116 张，大小均为 1 024×1 024，空间分辨率为 0.5 m，主要覆盖了印尼等东南亚国家，包含了郊区、雨林等多个场景。

高分二号遥感卫星是我国航天发展史的里程碑。选取覆盖我国阿拉善、深圳龙岗、北京下沙和武汉市 4 个地区，共 13 景大小为 7 000×7 000 的高分二号遥感数据。由于硬件的原因无法训练如此大小规模的数据，因此将其切片大小为 1 024×1 024，对有道路区域的切片进行筛选后加入数据集中，如图 7-9 所示。

（2）标注数据。选取完数据后，需要对这些原始数据进行人工标注，生成增加道路标签的二值标记图像。使用的标注工具为 Labelme，是目前主流的语义分割数据集标注软件之一，该软件操作简单、上手容易，可以根据不同的要求在一张图像中实现多类别目标的标记。图 7-10 展示了使用 Labelme 的标注过程和标注结果。

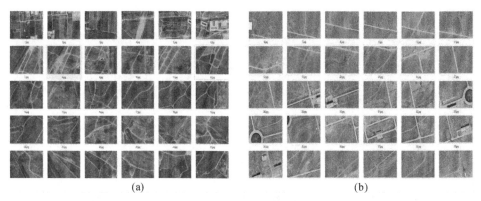

图 7 - 9　我国不同地区的道路数据

（a）北京下沙地区；（b）阿拉善地区

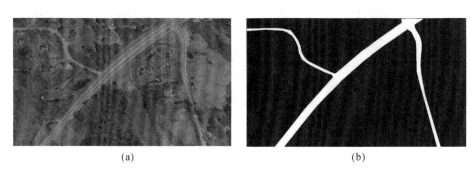

图 7 - 10　数据标记过程

（a）Labelme 标注；（b）真值图像

7.3.3　数据集划分

完成数据集的标注后，需要对数据集进行划分处理。表 7 - 1 展示了训练集、验证集和训练集的分配比例及其数据来源。

表 7 - 1　数据集划分细节

	总　数	训练集	验证集	测试集
NWPU VHR - 10	597	448	82	67
DigitalGlobe	116	67	29	20
高分二号	272	191	45	36
自制数据集	985	706	156	123

此外，为了探究不同尺度的道路数据在不同网络结构中的表现，综合道路区域在原始影像中的面积占比与背景内容的复杂度等因素，将测试集中的数据划分为大尺度、小尺度、混合尺度三种不同尺度类型的测试数据。图 7 - 11 分别展示了测试集中划分的不同尺度的道

路数据。

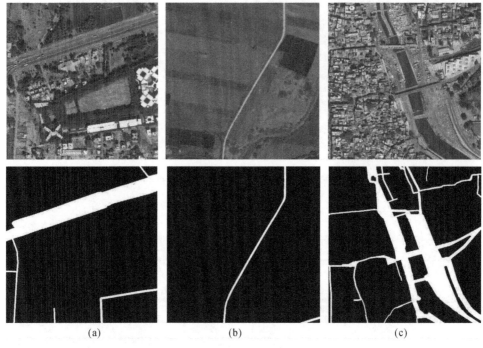

(a)   (b)   (c)

图 7-11　不同尺度的道路数据

(a)大尺度;(b)小尺度;(c)混合尺度

7.3.4　数据增强

在深度学习中,训练样本的不足很容易导致过拟合现象的发生,导致在验证集中的效果大打折扣。由于制作遥感影像道路数据集在人工和时间成本高,因此在训练样本不足的情况下需要通过图像处理的方法进行数据增强提升训练样本的数量。此外,通常的数据集中均为无云雾遮挡的理想场景,缺乏真实遥感影像中云雾遮挡干扰因素的样本,使用柏林噪声模拟云雾进行云雾场景仿真实现数据增强。最后,分析高分影像中的道路与背景的分布特点,从增强目标语义学习关注度出发,通过背景擦除与背景交换的方式进行数据增强。

(1)图像处理。从图像处理的角度出发,主要采取随机翻折、随机缩放、随机偏移以及随机旋转四种变换进行数据增强。其中:随机翻折主要包括水平方向、竖直方向、对角线方向的三种翻折方法;随机缩放的策略是在训练过程随机选取 20% 的数据,将它们随机缩放为原始影像大小的 $70\%\sim100\%$,针对缩小的图像边缘点像素值进行补零操作。随机偏移是指从原始图像的 4 个方向中至多选两个不相反的方向,偏移原始影像 $10\%\sim15\%$ 的区域;随机旋转即对原始影像围绕中心点进行任意角度的旋转操作。

在 HSV 颜色空间中,对于不同的彩色区域,混合 H 与 S 变量,划定阈值,即可进行简单的分割。考虑到 HSV 颜色空间相较于 RGB 颜色空间在分割中有着明显的优势。在训练过程中,在 H 变量和 S 变量中分别取(−10~25),(−15~20)范围内进行随机色彩变化,降低背景干扰,增强道路色彩特征。图 7-12 展示了上述基于图像处理进行数据增强的效果图。

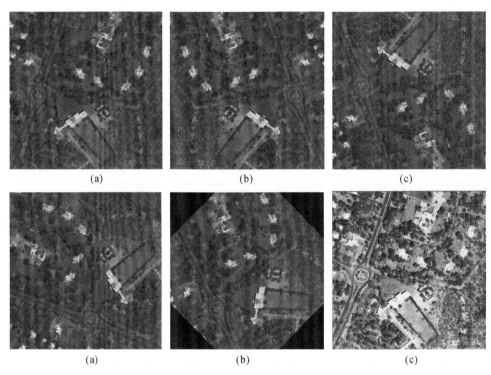

$$(a) \qquad\qquad (b) \qquad\qquad (c)$$

$$(a) \qquad\qquad (b) \qquad\qquad (c)$$

图 7-12　图像处理数据增强

(a)原图;(b)水平翻转;(c)垂直翻转;(d)旋转 90°;(e)旋转 45°;(f)色彩抖动

　　(2)云雾仿真。现实拍摄的高分影像中,通常存在着不同程度的云雾干扰。其他的地图分割任务中,面对云雾干扰,通常先使用去云算法进行数据预处理再分割提取。但是,道路与其他地物分割任务中目标(建筑物、植被等)有所不同,其表现为道路区域往往只占原始影像的很小一部分,如果按照先去云处理再提取道路的思路处理,会大幅度导致道路信息的丢失。在马萨诸塞州道路数据集与自制的道路数据集中均无云雾遮挡的影像。为提升真实场景中道路提取的准确率与模型对云雾遮挡干扰的鲁棒性,首先使用柏林噪声进行云层模拟,之后将遥感影像和模拟云层通过 Alpha 系数进行融合,生成有云雾遮挡仿效果的仿真数据。在整个过程中,通过随机柏林噪声中的初始索引表与梯度表的值控制云层形状实现云层模拟,通过改变 Alpha 系数来实现不同云层薄厚的视觉效果。

　　基于云雾仿真的数据增强采用离线式的增强策略,选取原数据集中 15% 的数据,将其与提前随机生成的模拟云融合生成新的数据加入数据集中。在所有仿真云雾数据中,厚云的覆盖率为 2%~9%,薄云的平均覆盖率为 20%~55%。图 7-13 从左至右展示了仿真云雾数据生成的过程。

　　(3)目标增强。道路目标自身具有多尺度性之外,在高分影像中,还存在"前-后景不平衡"的问题,前景即道路区域,后景为去除道路区域的所有背景区域。"前-后景不平衡"会使得模型在推理的过程,更倾向于关注后景信息,依赖道路背景区域信息完成对道路目标的推理,降低了对道路语义的学习关注度。为此,为了降低高分影像中"前-后景不平衡"产生的影响,分别使用背景擦除和背景交换的方式增强道路目标的学习关注度。

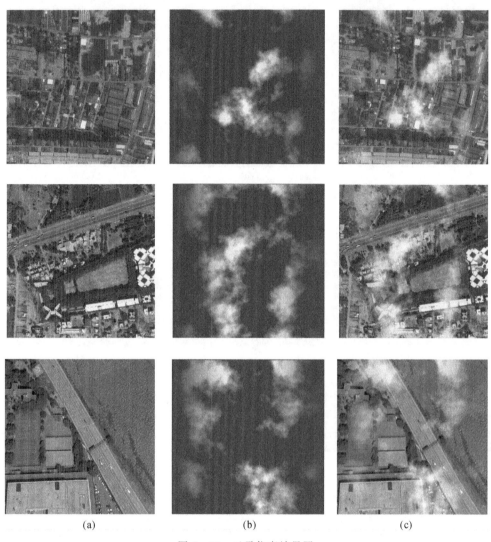

(a)   (b)   (c)

图 7-13 云雾仿真效果图
(a)原始影像;(b)云层仿真;(c)合成影像

背景擦除(Background Remove,BR)。该方法对所有背景区域进行灰度处理以去除所有的背景信息。这可以让网络在推理过程中仅关注道路语义信息的学习,增强推理过程中对道路目标语义的学习关注度。图 7-14 为背景擦除的示意图。

背景交换(Background Swap,BS)。该方法将不同影像中的道路标签与背景随机替换以生成的新数据。道路区域与替换的新背景区域不存在明显的上下文关系,降低了模型在推理过程对背景区域语义信息的学习关注度。图 7-15 为背景交换的示意图。

(a)　　　　　　　　　　　　　　　(b)

图 7 - 14　背景擦除示意图
(a)原始影像；(b)背景擦除

(a)　　　　　　　　(b)　　　　　　　　(c)

图 7 - 15　背景交换示意图
(a)原始影像 1；(b)原始影像 2；(c)背景交换结果

7.4　基于深度学习的道路面反演算法

7.4.1　动态路由神经网络

　　当前的基于深度学习方法道路提取方法无论是基于人工经验设计的静态网络结构，还是基于神经网络搜索的推理出的 NAS 网络架构，都是在一个预定义的网络结构中对不同尺度的道路进行特征表达，因此难以实现对多尺度道路数据的完整表达。DR - Net 基于搜索空间和模糊决策树中多分支路由的思想，可以根据输入遥感影像的实时尺度分布，自动选择有依赖性的路由路径，形成网络结构。同时，考虑到现实场景中存在计算成本约束的情况，DR - Net 将计算约束加入损失函数。当给定计算预算时，可以进一步降低计算成本，提升网络运算效率。图 7 - 16 为 DR - Net 的网络结构，主要包括 STEM 预处理模块、路由空间、解码器模块三个部分。

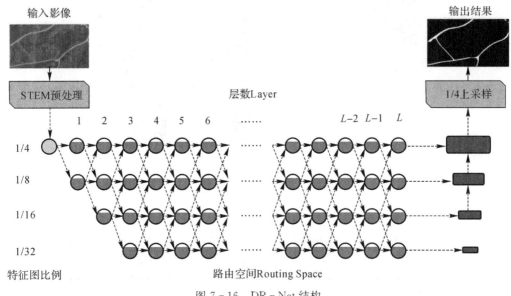

图 7 – 16　DR – Net 结构

7.4.2　深度可分离卷积

DR – Net 在 STEM 预处理模块和路由空间的特征处理使用深度可分离卷积。该卷积根据运算过程分逐通道卷积(Depthwise Convolution)和逐点卷积(Pointwise Convolution)两部分,整个过程卷积运算原理保持不变。与使用常规卷积相比,深度可分离卷积在保证得到相同特征图的情况下,整体运算过程的参数数量更少、计算成本更低。

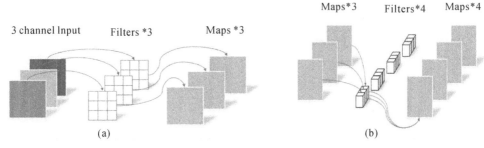

图 7 – 17　深度可分离卷积过程
(a)逐通道卷积;(b)逐点卷积

(1)逐通道卷积。图 7 – 17(a)是逐通道卷积示意图,逐通道卷积是将多通道的特征图,拆分成单通道特征图,分别进行单通道卷积,最后堆叠在一起。逐通道卷积的参数个数 $N_{channel}$ 和计算次数 $C_{channel}$ 为

$$N_{channel} = D_w \times D_h \times M \qquad (7-1)$$

$$C_{\text{channel}} = D_{\text{w}} \times D_{\text{h}} \times M \times I_{\text{w}} \times I_{\text{h}} \tag{7-2}$$

式中：D_{h} 和 D_{w} 分别表示卷积核的长和宽；I_{h} 和 I_{w} 分别表示输入图像的长和宽；M 为输入通道数；N 为输出通道数。

根据公式(7-1)和(7-2)，上述例子在逐通道卷积过程的参数个数为 27 个，卷积运算次数为 675 次。

(2)逐点卷积。图 7-17(b)是逐点卷积示意图，逐点卷积的目的是通过大小为 1×1 的卷积将逐通道卷积操作后的各通道特征图融合生成新的特征图。逐点卷积的参数个数 N_{point} 和计算次数 C_{point} 为

$$N_{\text{point}} = M \times N \tag{7-3}$$

$$C_{\text{point}} = D_{\text{w}} \times D_{\text{h}} \times M \times N \tag{7-4}$$

根据公式(7-3)和公式(7-4)，上述例子在逐点卷积过程的参数个数为 12 个，卷积运算次数为 300 次。

综合以上过程，使用深度可分离卷积中参数总和为 $N_{\text{point}} + N_{c\,\text{hannel}}$，共 39 个，卷积次数总和为 $C_{\text{point}} + C_{c\,\text{hannel}}$，共 975 次。相比于标准卷积，卷积参数降低了 2.77 倍，计算量约为标准卷积的 1/3。

7.4.3　路由空间

借鉴 AutoDeepLab 中搜索空间的设计思想，以路由空间作为超网络主体。模型在推理过程中基于不同输入遥感影像的尺度分布，选择不同的前向传播路径，在路由空间中动态地构建网络结构。

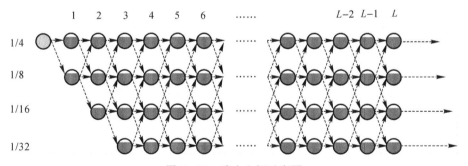

图 7-18　路由空间示意图

如图 7-18 所示，路由空间由若干个路由单元组成，共 L 层，规定前三层的路由单元个数分别为 1、2、3，其余层的路由单元个数不超过 4 个，每个路由单元在尺度变换上有 3 种不同选择，即上采样、保持分辨率、下采样。同一层中相邻路由单元的采样比例为 2，因此，路由空间中存在四种不同尺度的特征，从大到小依次为 1/4、1/8、1/16、1/32。为了充分发挥路由空间密集连接的结构优点，尺度相同的同一级路由单元在前向传播的过程中，支持跳跃连接(Skip Connection)；前后层的路由单元支持多路径路由，即在特征尺度变换时，一些路由节点最多可以选择 3 条尺度变换路径，如图 7-19 所示。

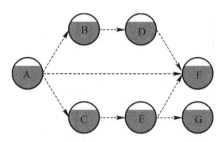

图 7-19　跳跃连接和多路径选择示意图

图 7-19 为路由单元之间的多路径选择和跳跃连接示意图。多路径选择在改图中表现为：路由单元 A 在进行尺度变换时分别进行两倍上采样连接路由单元 B、保持分辨率连接路由单元 F、两倍下采样连接路由单元 C，共选择了 3 条不同的路径；路由单元 E 分别通过 2 倍上采样和保持分辨率的尺度变换操作连接路由单元 F 和 G，共选择 2 条不同的路径。此外，路由单元 A 保持分辨率不变直接连接路由单元 F，即实现了路由单元间的跳跃连接。

7.4.4　路由单元

路由空间由若干个路由单元构成，路由单元分为特征融合模块和门控模块。其中门控模块负责计算选择每条路径的概率。特征处理模块负责将上一层输入的不同特征图进行融合，并根据门控模块计算得出的不同路径的路由概率进行特征变换输出给下一层的路由单元。

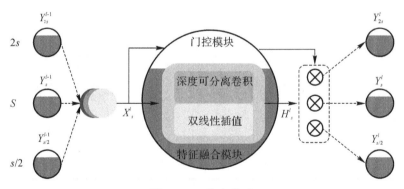

图 7-20　路由单元

图 7-20 展示了一个路由单元的路由过程。其中 Y_{2s}^{l-1}、Y_s^{l-1}、$Y_{s/2}^{l-1}$ 分别表示路由空间中第 $l-1$ 层大小分别为 $2s$、s、$s/2$ 的输入特征。X_s^l 为第 l 层大小为 s 这一层对应的路由单元的要处理的输入特征。Y_{2s}^l、Y_s^l、$Y_{s/2}^l$ 分别表示路由空间中第 l 层分辨率层级为 s 的路由单元对下一层大小为 $2s$、s、$s/2$ 的输出特征。其中 X_s^l 可以表示为

$$X_s^l = Y_{2s}^{l-1} + Y_s^{l-1} + Y_{s-2}^{l-1} \qquad (5-)(7-5)$$

（1）门控模块。如图 7-20 所示，门控模块的输入是不同输入特征 X_s^l，门控模块本质上一个可微分的轻量级卷积操作模块来学习数据自适应的特征矢量 G_s^l，再经激活函数 δ 计

算,得出每条尺度变换的路由路径概率,整个过程可以表示为

$$G_s^l = C[\omega_{s,2}^l, G(\sigma\{N[C(\omega_{s,1}^l, X_s^l)]\}] + \beta_s^l \qquad (7-6)$$

$$\alpha_s^l = \delta(G_s^l) = \max[0, \text{Tahh}(G_s^l)] \qquad (7-7)$$

式中:规定 $C(\omega_s^l, \text{Map}_s^l)$ 是对特征图 Map 卷积操作函数; ω_s^l 为卷积参数;G 表示平均池化; σ 表示 ReLU 激活;N 表示批标准化; $\omega_{s,1}^l$、 $\omega_{s,2}^l$、 β_s^l 均为卷积参数; α_s^l 表示每条路由路径的概率; δ 表示激活函数,取值范围是[0,1)。

当 $\alpha_{s \to j}^l > 0$ 时,表示路由空间中第 l 层特征尺度为 s 的路由单元连接第 $l+1$ 层尺度为 j 的路径全部保留;当 $\alpha_{s \to j}^l = 0$ 时,此路由路径关闭。若一个路由单元所有的特征变换路径都被标记为关闭状态时,将取消特征处理模块的后续计算工作,从而降低计算成本。此外,当给定计算成本约束时,则在计算 G_s^l 前,对输入特征 X_s^l 进行 1/4 下采样,降低计算开销。

(2)特征处理模块。如图 7-20 所示,特征处理模块的输入也为不同输入特征 X_s^l。特征处理模块首先将 X_s^l 进行特征融合生成尺度为 s 的特征图 H_s^l,之后根据门控模块计算的不同路径激活系数 $\alpha_{s \to j}^l$ 的取值大小,有选择性的对特征图 H_s^l 进行尺度变换,该过程表示为

$$H_s^l = \sum_{o^i \in O} O^i(X_s^l) \qquad (5-)(7-8)$$

$$Y_s^l = \alpha_{s \to j}^l \tau_{s \to j}(H_s^l) \qquad (5-)(7-9)$$

式中:O 表示特征处理模块中所有操作的集合,包括 2 个大小为 3×3 的深度可分离卷积和双线性插值操作; $\tau_{s \to j}(H_s^l)$ 表示对特征图 H_s^l 从尺度 s 到尺度 j 的特征变换, $j \in \{s/2, s, 2s\}$,其中 $\tau_{s \to 2s}(H_s^l)$ 通过大小为 1×1 的卷积操作和双线性插值操作实现,这样既可以将特征图大小转换为原来的 2 倍,又可以将滤波器数量减半。 $\tau_{s \to s/2}(H_s^l)$ 通过大小为 1×1,步长为 2 的卷积操作实现,这样可以将特征图大小转换为 1/2 的同时使滤波器数量翻倍。

综合公式(7-6)~公式(7-9),可以将路由单元两个模块的整体过程归纳为

$$H_s^l = \begin{cases} X_s^l, & \sum_j \alpha_{s \to j}^l = 0 \\ \sum_{O^i \in O} O^i(X_s^l), & \sum_j \alpha_{s \to j}^l > 0 \end{cases} \qquad (7-10)$$

$$Y_j^l = \begin{cases} 0, & \sum_j \alpha_{s \to j}^l = 0, j \neq s \\ H_s^l, & \sum_j \alpha_{s \to j}^l = 0, j = s \\ \alpha_{s \to j}^l \tau_{s \to j}(H_s^l), & \sum_j \alpha_{s \to j}^l > 0 \end{cases} \qquad (7-11)$$

7.4.5　损失函数

(1)计算约束损失函数。通常网络结构的计算复杂度会在因为应用场景等原因受到限制。因此,DR-Net 将计算约束条件纳入损失函数的范围之中,在满足计算预算的基础上,提高网络的路由效率。

DR - Net 中每个路由单元的计算操作可分为 3 个部分，即特征融合、特征转换和门控模块。定义路由单元 Node^l_s 计算成本 (Node^l_s) 为

$$C(\mathrm{Node}^l_s) = C(\mathrm{Tran}^l_s) + C(\mathrm{Cell}^l_s) + C(\mathrm{Gate}^l_s) =$$
$$\sum_j \alpha^l_{s \to j} C(\tau_{s \to j}) + C(\mathrm{Gate}^l_s) + \mathrm{Max}(\alpha^l_s) \sum_{o^i \in O} C(o^i) \qquad (7-12)$$

式中：$C(\mathrm{Tran}^l_s)$ 表示当前路由单元选择不同路径进行特征变化的计算部分；$C(\mathrm{Cell}^l_s)$ 表示特征融合模块的进行特征融合的计算部分；$C(\mathrm{Gate}^l_s)$ 表示门控模块选择尺度变换路径的计算部分。联合路由空间中的所有路由单元，路由空间的整体计算成本 $C(\mathrm{Space})$ 为

$$C(\mathrm{Space}) = \sum_{l \leqslant L} \sum_{s \leqslant 1/4} C(\mathrm{Node}^l_s) \qquad (7-13)$$

计算约束的损失函数定义为

$$\mathrm{Loss}_{\mathrm{Cal}} = [C(\mathrm{Space})/C_0 - \mu^2] \qquad (7-14)$$

式中：C_0 表示给定的计算约束条件；μ 为预算约束的系数，取值范围是 $0 \sim 1$。在其他条件不变的情况下，μ 值越低，$\mathrm{Loss}_{\mathrm{Cal}}$ 的值越高，此时网络在推理的过程中会根据 μ 值选择性的剪枝掉一些权重占比低的路由单元与尺度变换路径，通过减少所有路由单元的计算之和 $C(\mathrm{Space})$ 的方式来降低损失函数 $\mathrm{Loss}_{\mathrm{Cal}}$。

（2）网络损失函数。DR - Net 使用 Dice 系数联合二元交叉熵损失函数作为的网络部分的损失函数，从而降低训练过程中正负样本不均匀到来的影响。

1）Dice 系数损失函数。在深度学习中，通常使用 Dice 系数解决正负样本不平衡的问题。在高分影像中，道路区域通常只占原始输入图像很小的一部分，这种负样本占比过多的输入数据会导致在训练过程中对正样本的利用不够充分，梯度更新的方向偏离最优下降方向，最后得到的模型结果不够准确，结合语义分割问题，将 Dice 系数损失函数改进为

$$D = \frac{2 \sum_i^N p_i q_i + \mathrm{smooth}}{\sum_i^N p_i^2 + \sum_i^N g_i^2 + \mathrm{smooth}} \qquad (7-15)$$

式中：p_i 表示预测结果第 i 个像素点的道路概率；g_i 表示真值影像中第 i 个像素点的真值；N 为输入图像中像素点总数；赋值 smooth 为 10^{-7} 作为平滑处理，主要是为了避免在计算过程出现分母等于 0 的情况出现。D 的取值范围是 $0 \sim 1$。DR - Net 中，对 Dice 系数的损失函数定义如下：

$$\mathrm{Loss}_{\mathrm{Dice}} = 1 - D = 1 - \frac{2 \sum_i^N p_i q_i + \mathrm{smooth}}{\sum_i^N p_i^2 + \sum_i^N g_i^2 + \mathrm{smooth}} \qquad (7-16)$$

2）二元交叉熵损失函数。基于遥感影像的道路面反演本质上属于二值图像语义分割问题，所以在评价网络的损失函数中另一部分使用二元交叉熵损失函数替代常规的平方差损失函数。将道路提取看作是一个二分类问题，其二元交叉熵损失函数定义为

$$\mathrm{Loss}_{\mathrm{Cross}} = -\frac{1}{N} \sum_1^N [y \log(a) + (1-y) \log(1-\alpha)] \qquad (7-17)$$

$$a = \sigma(z) = \frac{1}{1 + e^{-z}} = \frac{1}{1 + e^{-(wx+b)}} \qquad (7-18)$$

在最后一层传播时,分别对参数 w 和 b 求偏导,得

$$\frac{\partial J}{\partial w} = \frac{1}{N} \sum_1^N \left[\frac{y}{\sigma(z)} - \frac{1-y}{1-\sigma(z)} \right] \cdot \frac{\partial \sigma(z)}{\partial w} =$$

$$\frac{1}{N} \sum_1^N \left[\frac{y}{\sigma(z)} - \frac{1-y}{1-\sigma(z)} \right] \cdot \sigma'(z)x = \qquad (7-19)$$

$$\frac{1}{N} \sum_1^N (\sigma(z) - y) \cdot x$$

$$\frac{\partial J}{\partial b} = -\frac{1}{N} \sum_1^N \left[\sigma(z) - y \right] \qquad (7-20)$$

分析公式(7-19)和公式(7-20)可知,参数 w 和 b 偏导数与期望输出和实际输出的差值呈正比的关系。即在进行反向传播的过程中,当期望值与实际输出值相差比较大时,参数变化与该相差程度成正比,导致参数变化增大,起到快速收敛的效果。

综合公式(7-16)和公式(7-17),网络部分的损失函数为

$$\text{Loss}_{\text{Net}} = \text{Loss}_{\text{Dice}} + \text{Loss}_{\text{Cross}} \qquad (7-21)$$

综合公式(7-14)和公式(7-21),联合计算约束的整体损失函数为

$$\text{Loss} = \lambda_1 \cdot \text{Loss}_{\text{Net}} + \lambda_2 \cdot \text{Loss}_{\text{Cal}} \qquad (7-22)$$

式中:λ_1 为网络部分的损失函数系数,在实验中通常设置为 1;λ_2 为计算约束部分的损失函数系数,可以根据计算成本的需求,通过设置不同的比例系数满足计算约束,与公式(7-14)中参数 μ 不同的是,λ_2 与网络的计算成本成反比,即 λ_2 越大,计算成本越低。

7.5　实验与分析

本节首先对实验过程中软硬件的运行环境、相关参数配置和评价指标进行介绍,然后通过路由单元组件、计算约束条件、网络结构、多尺度输入和云雾场景的对比实验验证所提出的 DR-Net 道路提取算法的有效性。

7.5.1　实验环境

本章节中所有实验均基于表 7-2 中配置的图像工作站中完成。

表 7-2　实验平台配置

项　　目	内　　容
GPU	Nvidia Quadro P5000 * 2
显存	32 GB
CPU	Intel i7-8700k
内存	64 GB

在深度学习框架的选择上,综合主流的框架进行比较,考虑到 PyTorch 框架可以在兼顾 GPU 加速的同时支持动态神经网络编程,确定 PyTorch 为本章实验的框架。PyTorch 具备以下优点:

(1)简单易用。PyTorch 是目前机器学习框架中将人机关系与面向对象设计思想结合最优雅的一个,低代码量和接口设计的封装让实验人员在代码设计时更方便,在代码调试方面进行可帮助实验人员快速定位问题,解决问题。

(2)高效快速。PyTorch 框架的简单易用性并没有牺牲框架的速度,使用相同的算法,Pytorch 实现的代码一般快于在其他框架实现的代码。

表 7-3　框架环境

项　目	内　容
操作系统	Ubuntu 16.40
编程语言	Python 3.6
深度学习框架	PyTorch 1.3

7.5.2　参数设置

在训练过程中使用 Adam 优化算法,相比于 SGD 等其他优化算法,Adam 的收敛速度最快。其中学习率设置为 0.001,指数衰减率 $\beta_1=0.9$,$\beta_2=0.99$,常数 ε 设置为 10^{-8}。在训练过程中,若前 10 轮数据中损失函数没有明显的下降,则将学习率下降为原来的 0.1 倍,学习率的最小值为 10^{-6}。每个批次的输入大小为 6,训练迭代次数最大为 100 轮。

在 DR-Net 参数设置上,路由空间层数为 16,公式(7-22)提出的损失函数,网络损失函数系数 λ_1 的值均等于 1。而 λ_2 的值和公式(7-14)中的 μ 值则是在 7.5.3 节中基于不同的计算预算条件设置的。

对 7.3.4 节中提出的两种基于目标增强的数据增强方法,均使用在线数据增强的方式。其中背景灰度方法的策略是对所有训练数据进行背景灰度操作实现数据增强。而背景交换方法的策略是选取每个批次一半的数据,对它们的道路标签与背景两两组合进行数据增强。

7.5.3　结果分析

(1)路由单元组件对比实验。本节实验旨在研究路由单元中特征处理模块与门控模块使用不同组件时,DR-Net 网络各指标的表现。

1)特征处理模块。DR-Net 中,特征处理模块的操作集包含深度可分离卷积和双线性插值。使用这样一组简单操作实现特征融合与变换主要原因有两点:①降低网络模型的计算复杂度。②在后续实验中公平地同几种的经典网络结构进行比较,探讨目标之间的多尺度差异与网络结构之间的关系。

表 7－4　不同卷积层堆叠的网络表现

特征处理模块	IoU/(%)	FLOPs/GFLOPs	Params/M
深度可分离卷积 3×3	60.2	83.5	12.6
深度可分离卷积 3×3×2	64.0	120.7	17.8
深度可分离卷积 3×3×3	63.7	155.6	22.9

表 7－4 展示了在特征处理模块操作集中,不同堆叠程度的深度可分离卷积的网络表现。其中 3×3 表示卷积核的尺寸大小,"×2"与"×3"分别表示堆叠的卷积层数。该实验表明,网络模型的计算复杂度与参数量会随着堆叠层数增加而增加,且使用大小为 3×3 的深度可分离卷积在叠加 2 层时的网络提取效果最佳。

2)门控模块。针对门控模块,将公式(7－7)中的激活函数 δ 替换为表 7－5 中不同的激活函数,结果如下。

表 7－5　不同激活函数的网络表现

激活函数	IoU/(%)	FLOPs/GFLOPs	Params/M
Sigmod	61.9	119.8	17.8
Softmax	63.7	119.8	17.8
max(0,Tanh)	64.0	120.7	17.8

表 7－5 证明在常用的激活函数中,使用 max(0,Tahh)作为门控模块的路径选择激活函数时,网络的性能最佳。

(2)计算约束对比实验。本节实验旨在研究 DR－Net 将计算成本约束条件加入损失函数后,网络在不同约束条件下各方面性能发生的变化。通过调整公式(7－22)中计算约束损失函数系数 λ_2 和公式(7－14)中 μ 的取值,获得不同的计算约束和计算复杂度的 DR－Net。

表 7－6　不同计算预算的 DR－Net

模型名称	C_0/GFLOPs	λ_2	μ	IoU/(%)	FLOPs/GFLOPs	Params/M
DR－Net－A	45	0.75	0.15	60.6	43.9	17.8
DR－Net－B	55	0.5	0.15	62.5	54.7	17.8
DR－Net－C	65	0.5	0.2	63.4	64.0	17.8
DR－Net－Free	∞	0.0	0.0	64.0	120.7	17.8

表 7－6 中,DR－Net－Free 的 $\lambda_2=0$,表示它是没有预算约束条件的网络模型。DR－Net－A、DR－Net－B、DR－Net－C 分别通过设置不同约束系数组合满足计算约束条件分别为 45、55、65 GFLOPs 的网络模型。4 个模型的 Params 相同,表明在网络推理过程中所有的路由路径均被遍历过。在道路提取效果上,没有预算约束的网络模型 DR－Net－Free 最佳,分别比 DR－Net－A、DR－Net－B、DR－Net－C 3 个网络高 3.4%、1.5%、0.6%。但在模型的计算复杂度上,DR－Net－A、DR－Net－B、DR－Net－C 分别仅为没有约束模型

的 36.3%、45.3%、53.1%。该实验表明,在 DR - Net 中,将计算预算引入损失函数,可以在牺牲较低模型性能的基础上大幅度降低模型的计算复杂度,适用于对模型复杂度有约束的现实场景。

(3)网络结构对比实验。本小节实验以表 7-6 中 3 个不同计算预算的 DR - Net 为基础,主要探究在路由空间中根据输入数据自适应生成的 DR - Net 网络结构,与人工设计的经典网络结构之间的差异。实验按以下两个步骤进行:

1)对人工设计的 DeepLabV3、U - Net、HR - Net 3 种经典语义分割网络,分别按照其网络结构与连接方式在路由空间中进行复现,如图 7-21 所示。

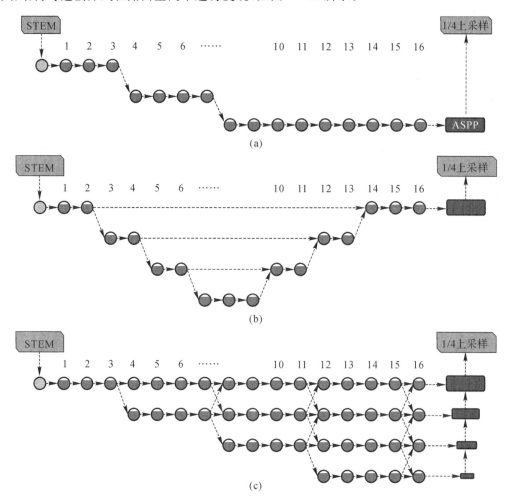

图 7-21 经典语义分割结构在路由空间中的复现

(a) 路由空间中复现 DeepLabV3;(b) 路由空间中复现 U - Net;(c) 路由空间中复现 HRNetV2

图 7-21(a)为 DeepLabV3 在路由空间中的网络结构,在网络后端特征融合的处理中,按照原网络设计同样加入了 ASPP 模块。图 7-21(b)为 U - Net 在路由空间中的网络结构,路由单元之间实现了跨越连接的操作。图 7-21(c)为 HRNetV2 在路由空间中的网络结构。

2)对于表 7-6 中不同预算约束条件的三个动态网络 DR - Net - A、DR - Net - B、DR -

Net - C,在路由空间中对它们推理过程中选取率大于 95% 的路由路径进行采样,生成分别与其对应的静态网络结构 StaticNet - A、StaticNet - B、StaticNet - C,采样结构分别如图 7 - 22 所示。

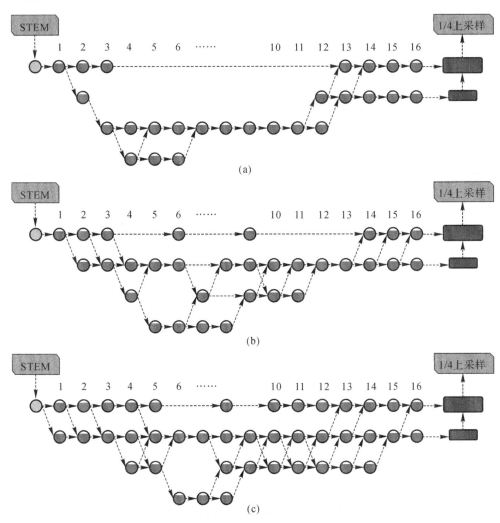

图 7 - 22　不同计算约束 DR-Net 的采样网络结构

(a) Static - Net - A;(b) Static - Net - B;(c) Static - Net - C

将以上两个过程中得到的网络结构进行实验。表 7 - 7 中列出了不同模型设计方法的网络结构在路由空间中的定量结果。

表 7 - 7　路由空间中各结构对比

模型设计方法	来源	IoU/(%)	FLOPs/GFLOPs	Params/M
人工设计	DeepLabV3	57.8	42.6	3.7
人工设计	U - Net	59.3	54.0	6.1
人工设计	HRNetV2	60.1	63.1	5.4

续表

模型设计方法	来源	IoU/(%)	FLOPs/GFLOPs	Params/M
Static – Net – A	DR – Net – A	58.6	41.3	4.3
Static – Net – B	DR – Net – B	59.5	52.1	4.7
Static – Net – C	DR – Net – C	61.2	60.5	5.0
DR – Net – A	路由空间	60.6	43.9	17.8
DR – Net – B	路由空间	62.5	54.7	17.8
DR – Net – C	路由空间	63.4	64.0	17.8

首先,将 DR – Net 与人工设计的经典网络结构进行比较,为保证实验的公平性,只对 FLOPs 相近的网络进行对比,其中,DeepLabV3 和 DR – Net – A 的 FLOPs 相差 0.7G,模型复杂度均接近 45G;U – Net 和 DR – Net – B 的 FLOPs 相差 2.6G,模型复杂度均接近 55G;HRNeV2 和 DR – Net – C 的 FLOPs 相差 0.9G,模型复杂度均接近 65G。可以发现,DR – Net 系列网络在 IoU 方面分别高 2.8%、3.2%、3.3%。实验结果表明,模型复杂度接近相同的情况下,DR – Net 的道路提取表现比人工设计的网络结构更好。

此外,还可以发现,对路由空间中高选择率的路径采样生成的网络结构,也比同级别的经典网络结构效果好,且采样的网络结构复杂度和参数量比 DR – Net 要低。结合图 7 – 22 可推断出采样网络结构具有以下特点:①计算预算越高(即约束越低),采样结构的路由单元个数越多,彼此之间的连接方式越复杂。②这三个采样网络在结构和连接方式上都反映了 DR – Net 与经典网络结构在设计上的相似之处,如:在网络末端的解码器部分,DR – Net 更倾向于选择高分辨率的低层特征图,保证在特征恢复的过程中对边界细节有着更好的处理效果;DR – Net 在路由空间的前端倾向于做下采样操作进行深层特征提取,后端倾向做上采样操作恢复语义信息。

(4)多尺度输入对比实验。本节实验旨在探究无计算约束的条件下,表 7 – 6 中的 DR – Net – Free 网络面对不同尺度的道路数据网络结构发生的变化。通过给定不同尺度的道路数据,DR – Net 会选择不同的前向传播路径,对应路由结构如图 7 – 23 所示。

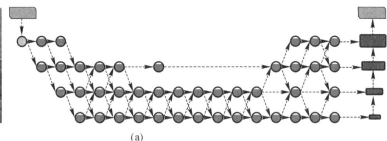

(a)

图 7 - 23　不同尺度输入生成的网络结构

(a)大尺度输入的路由结构

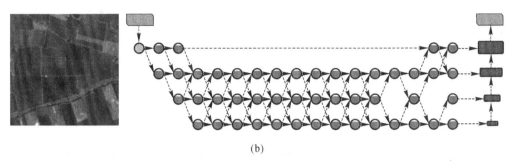

(b)

续图 7 - 23　不同尺度输入生成的网络结构

(b)小尺度输入的路由结构

图 7 - 23(a)(b)分别展示了当输入为大尺度和小尺度的道路数据时,DR - Net - Free 在路由空间中选择前向传播路径采样生成的网络结构图。通过对比可以发现:当输入为大尺度道路数据时,网络在前向传播的过程中通常更加倾向于选择一些抽象的高级特征的路径;当输入为小尺度道路数据时,会更加倾向于通过跳跃连接的方式选择低层特征,使用高分辨率的特征图实现对小尺度道路区域的分割。

(5)云雾场景对比实验。本节实验旨在探究云雾遮挡场景下路由空间中不同的网络结构在道路分割效果上的差异。该实验在 7.3.4 节的云雾仿真数据上进行,对 DR - Net - A、DeepLabV3、U - Net 和 HRNetV2 这 4 种网络结构进行对比,此外,针对云雾遮挡场景定义了云雾遮挡区域内的交并比 CloudIoU,其中 CloudIoU 仅统计在云雾遮挡区域内的提取结果和真值图中的交并比,这个指标能够更真实地反映云雾遮挡场景下不同网络结构的鲁棒性。

图 7 - 24 展示了几个网络在云雾遮挡下田地、沙漠、城市几个具有代表性区域的道路提取结果。从中可以看出:DeepLabV3 对提取效果普遍差于其他 3 个网络,对云雾的抗干扰能力最低;U - Net 和 HRNetV2 在一些尺度的分割细节上表现优秀,但存在很多误判结果;DR - Net 相比其他 3 个结构,最大的优点是能够通过已知可见的道路位置和趋势合理预测出云层下的道路信息,使得整幅预测结果更具连贯性。但一些厚云下面的没有任何道路信息可参考,仅依靠 DR - Net 的经验推理得到结果仍存在一定误差。

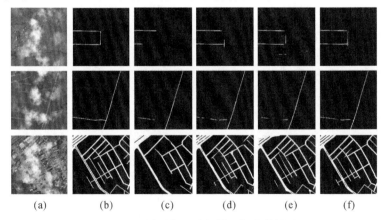

(a)　　　　(b)　　　　(c)　　　　(d)　　　　(e)　　　　(f)

图 7 - 24　不同网络云雾场景下提取结果对比

(a)原始影像;(b)Mask 影像;(c)DeepLabV3;(d)U - Net;(e)HRNetV2;(f)DR - Net - A

表 7-8 统计了各网络在云雾仿真测试集上的定量评价结果。可以看出,DR-Net 网络的 IoU 和 CloudIoU 均优于其他网络,DR-Net-A 的 FLOPs 虽然不是最低,但比最低的 DeepLabV3 网络在 IoU 和 CloudIoU 上分别高出 13.6%、17.9%。

表 7-8 不同网络在云雾测试集上的结果

模型	IoU/(%)	CloudIoU	FLOPs/GFLOPs
DeepLabV3	46.1	39.8	42.6
U-Net	51.3	49.8	54.0
HRNetV2	55.2	51.0	63.1
DR-Net-A	59.7	57.7	43.9

7.6 本 章 小 结

本章的内容如下:①提出了一种基于动态路由思想的神经网络结构 DR-Net,并对路由空间、路由单元、路由过程进行了详细阐述。②针对现有数据集的不足构建了多尺度道路数据集。③考虑到现实中的计算约束场景的前后景分布不平衡的问题,分别提出了计算约束损失函数和二元交叉熵+Dice 系数的网络损失函数。通过两组路由单元的组件对比实验论证了网络实现的合理性;通过不同计算约束条件和网络结构的对比消融实验,证明了 DR-Net 相较于经典的网络结构在模型计算复杂度相同的情况下,道路提取的高效性;通过对不同尺度输入数据的网络结构进行采样,发现其对不同尺度道路数据生成的网络结构具有可解释性。④将云雾仿真场景下的对比实验可视化,得出 DR-Net 对云雾场景的抗干扰能力更强,预测出的道路拓扑信息更完善,具有较强的现实应用价值。

参 考 文 献

陈根，2018. 移动测量技术在高精度地图数据生产方面的应用分析[J]. 城市建设理论研究
　　（电子版）(15)：104.

陈宗娟，孙二鑫，李丹丹，等，2018. 高精地图现状分析与实现方案研究[J]. 电脑知识与
　　技术，14(22)：270 - 272.

程亮，龚健雅，2008. LiDAR 辅助下利用超高分辨率影像提取建筑物轮廓方法[J]. 测绘学
　　报，37(3)：391 - 393.

戴激光，杜阳，方鑫鑫，等，2018. 多特征约束的高分辨率光学遥感影像道路提取[J]. 遥
　　感学报，22(5)：777 - 791.

丁如珍，2001. 公路立交三维建模 CAD 系统的开发[J]. 微机发展，11(1)：69 - 71.

贺文，2017. 高精地图：自动驾驶商业化的"水电煤"[J]. IT 经理世界(14)：36 - 37.

胡海旭，王文，何厚军，2008. 基于纹理特征与数学形态学的高分辨率影像城市道路提取
　　[J]. 地理与地理信息科学，24(6)：46 - 49.

金绫，张显峰，罗伦，等，2017. 公路路面光谱特征分析与沥青路面老化遥感监测方法初探
　　[J]. 地球信息科学学报，19(5)：672 - 681.

李德仁，2008. 摄影测量与遥感学的发展展望[J]. 武汉大学学报(信息科学版)(12)：1211 -
　　1215.

李鹏程，王慧，刘志青，等，2012. 一种从机载 LiDAR 点云数据获取 DEM 的方法[J]. 测
　　绘通报(5)：59 - 62.

李影，冯仲科，王海平，等，2011. 基于 LIDAR 点云的建筑物的三维建模[J]. 林业调查规
　　划，36(6)：29 - 31.

李哲梁，2002. 公路地理信息管理系统中立交桥的表示方法[J]. 华东公路(4)：67 - 70.

林艺阳，李士进，孟朝晖，2018. 基于聚类分析的多特征融合遥感图像场景分类[J]. 电子
　　测量技术，41(22)：82 - 88.

刘欢，肖根福，欧阳春娟，等，2018. 初-精结合和多特征融合的多源遥感图像配准[J]. 遥
　　感信息，33(6)：61 - 70.

刘经南，吴杭彬，郭迟，等，2018. 高精度道路导航地图的进展与思考[J]. 中国工程科学，
　　20(2)：99 - 105.

吕建国，2008. 基于面向对象的高分辨率遥感影像道路信息提取方法[J]. 陕西师范大学学
　　报(自然科学版)(增刊 2)：80 - 82.

牛春盈，江万寿，黄先锋，等，2007. 面向对象影像信息提取软件 Feature Analyst 和
　　eCognition 的分析与比较[J]. 遥感信息(2)：66 - 70.

潘一凡，张显峰，童庆禧，等，2017. 公路路面质量遥感监测研究进展[J]. 遥感学报，21

(5):796-811.

沈蔚,王林,王崇倡,等,2011. 基于 LIDAR 数据的建筑三维重建[J]. 辽宁工程技术大学学报(自然科学版),30(3):373-377.

沈占锋,骆剑承,郜丽静,等,2009. 不同尺度下高分辨率遥感影像道路信息提取[J]. 四川师范大学学报(自然科学版)(6):812-815.

唐伟,赵书河,王培法,2008. 面向对象的高空间分辨率遥感影像道路信息的提取[J]. 地球信息科学,10(2):257-262.

王东波,2018. 高精度导航地图数据道路曲率估计方法研究[D]. 北京:北京建筑大学.

王光辉,李建磊,王华斌,等,2018. 基于多特征融合的遥感影像变化检测算法[J]. 国土资源遥感,30(2):93-99.

王京傲,2020. Apollo 自动驾驶开放平台,助推产业前行、持续共赢[J]. 软件和集成电路(8):52-53.

王钰,何红艳,谭伟,等,2019. 一种多特征融合的高分辨率遥感图像道路提取算法[J]. 遥感信息(1):111-116.

王宗跃,马洪超,徐宏根,等,2009. 结合影像和 LiDAR 点云数据的水体轮廓线提取方法[J]. 计算机工程与应用,45(21):33-36.

阳钧,鲍泓,梁军,等,2018. 一种基于高精度地图的路径跟踪方法[J]. 计算机工程,7(44):8-13.

尤红建,苏林,李树楷,2005. 基于扫描激光测距数据的建筑物三维重建[J]. 遥感技术与应用,20(4):381-385.

余辉,梁镇涛,鄢宇晨,2020. 多来源多模态数据融合与集成研究进展[J]. 情报理论与实践,43(11):169-178.

张永军,张祖勋,龚健雅,2021. 天空地多源遥感数据的广义摄影测量学[J]. 测绘学报,50(1):1-11.

张兵,2018. 遥感大数据时代与智能信息提取[J]. 武汉大学学报(信息科学版),43(12):1861-1871.

张栋,2005. 基于 LIDAR 数据和航空影像的城市房屋三维重建[D]. 武汉:武汉大学.

张雷雨,邵永社,杨毅,等,2010. 基于改进的 Mean Shift 方法的高分辨率遥感影像道路提取[J]. 遥感信息(4):3-7.

张庆春,佟国峰,李勇,等,2018. 基于多特征融合和软投票的遥感图像河流检测[J]. 光学学报,38(6):312-318.

甄文媛,2016. 免费高精地图如何为车企赋能? 访阿里巴巴移动事业群副总裁、高德汽车事业部总裁韦东[J]. 汽车纵横(11):133-135.

周绍光,孙超,2010. 分割道路影像并形成道路网的新方法[J]. 计算机仿真(10):283-286.

朱晓铃,邬群勇,2009. 基于高分辨率遥感影像的城市道路提取方法研究[J]. 资源环境与工程，23(3)：296-299.

朱长青,杨云,邹芳,等,2008. 高分辨率影像道路提取的整体矩形匹配方法[J]. 华中科技
大学学报(自然科学版)(2)：74-77.

ACHANTA R, SHAJI A, SMITH K, et al., 2012. SLIC superpixels compared to state-
of-the-art superpixel methods[J]. IEEE Transactions on Pattern Analysis and Machine
Intelligence,34(11)：2274-2282.

BUTENUTH M, HEIPKE C, 2012. Network snakes: graph-based object delineation
with active contour models[J]. Machine Vision and Applications, 23(1)：91-109.

CAI H B, RASDORF W, 2008. Modeling road centerlines and predicting lengths in 3-D
using LIDAR point cloud and planimetric road centerline data[J]. Computer-Aided Civil
and Infrastructure Engineering, 23(3)：157-173.

CAO C Q, SUN Y, 2014. Automatic road centerline extraction from imagery using road
GPS data [J]. Remote Sensing, 6(9)：9014-9033.

CHARBIT M, 2010. Digital signal and image processing using MATLAB[M]. Hoboken:
John Wiley & Sons.

CHAUDHURI D, KUSHWAHA N K, SAMAL A, 2012. Semi-automated road detection
from high resolution sat ellite images by directional morphological enhancement and
segmentation techniques [J]. IEEE Journal of Selected Topics in Applied Earth
Observations and Remote Sensing, 5(5)：1538-1544.

CHEN Y, NASRABADI N M, TRAN T D, 2011. Hyperspectral image classification
using dictionary-based sparse representation[J]. IEEE Transactions on Geoscience and
Remote Sensing, 49(10)：3973-3985.

CHENG G, HAN J W, ZHOU P C, et al., 2014. Multi-class geospatial object detection
and geographic image classification based on collection of part detectors[J]. ISPRS
Journal of Photogrammetry and Remote Sensing, 98：119-132.

CHENG G L, WANG Y, XU S B,et al., 2017. Automatic road detection and centerline
extraction via cascaded end-to-end convolutional neural network[J]. IEEE Transactions
on Geoscience and Remote Sensing, 55(6)：3322-3337.

CHENG G L, ZHU F Y, XIANG S M, et al., 2016. Accurate urban road centerline
extraction from VHR imagery via multiscale segmentation and tensor voting [J].
Neurocomputing, 205：407-420.

DAS S, MIRNALINEE T T, VARGHESE K, 2011. Use of salient features for the design
of a multistage framework to extract roads from high-resolution multispectral satellite
images[J]. IEEE Transactions on Geoscience and Remote Sensing, 49(10)：3906-3931.

GAMBA P, DELL'ACQUA F, LISINI G, 2006. Improving urban road extraction in
high-resolution images exploiting directional filtering, perceptual grouping, and simple

topological concepts [J]. IEEE Geoscience and Remote Sensing Letters, 3 (3): 387 – 391.

GAO L P, SHI W Z, MIAO Z L, et al. , 2018. Method based on edge constraint and fast marching for road centerline extraction from very high-resolution remote sensing images [J]. Remote Sensing, 10(6): 900.

HE K, SUN J, TANG X, 2012. Guided image filtering[J]. IEEE Transactions on Pattern Analysis and Machine Intelligence, 35(6): 1397 – 1409.

HU J X, RAZDAN A, FEMIANI J C, et al. , 2007. Road network extraction and intersection detection from aerial images by tracking road footprints [J]. IEEE Transactions on Geoscience and Remote Sensing, 45(12): 4144 – 4157.

HU X Y, ZHANG Z X, TAO C V, 2004. A robust method for semi-automatic extraction of road centerlines using a piecewise parabolic model and least square template matching [J]. Photogrammetric Engineering & Remote Sensing, 70(12): 1393 – 1398.

HUANG X, ZHANG L P, 2009. Road centreline extraction from high-resolution imagery based on multiscale structural features and support vector machines[J]. International Journal of Remote Sensing, 30(8): 1977 – 1987.

HUANG X, ZHANG L P, LI P X, 2007. Classification and extraction of spatial features in urban areas using high-resolution multispectral imagery[J]. IEEE Geoscience and Remote Sensing Letters, 4(2): 260 – 264.

INGLADA J, 2007. Automatic recognition of man-made objects in high resolution optical remote sensing images by SVM classification of geometric image features[J]. ISPRS Journal of Photogrammetry and Remote Sensing, 62(3): 236 – 248.

JIANG M, MIAO Z L, GAMBA P, et al. , 2017. Application of multitemporal insar covariance and information fusion to robust road extraction[J]. IEEE Transactions on Geoscience and Remote Sensing, 55(6): 3611 – 3622.

LEROUX S, BOHEZ S, DE CONINCK E, et al. , 2017. The cascading neural network: building the internet of smart things[J]. Knowledge and Information Systems, 52(3): 791 – 814.

LI H F, CALDER C A, CRESSIE N, 2007. Beyond Moran's I: testing for spatial dependence based on the spatial autoregressive model[J]. Geographical Analysis, 39 (4): 357 – 375.

LI W, DU Q, ZHANG F, et al. , 2015. Collaborative-representation-based nearest neighbor classifier for hyperspectral imagery[J]. IEEE Geoscience and Remote Sensing Letters, 12(2): 389 – 393.

LI J Y, HU Q W, AI M Y, 2018. Unsupervised road extraction via a Gaussian mixture model with object-based features[J]. International Journal of Remote Sensing, 39(8):

2421 - 2440.

LI Z, SHI W, WANG Q, et al. , 2014. Extracting man-made objects from high spatial resolution remote sensing images via fast level set evolutions[J]. IEEE Transactions on Geoscience and Remote Sensing, 53(2): 883 - 899.

LI W, TRAMEL E W, PRASAD S, et al. , 2014. Nearest regularized subspace for hyperspectral classification[J]. IEEE Transactions on Geoscience and Remote Sensing, 52(1): 477 - 489.

LIAN R, WANG W X, MUSTAFA N, et al. , 2020. Road extraction methods in high-resolution remote sensing images: a comprehensive review[J]. IEEE Journal of Selected Topics in Applied Earth Observations and Remote Sensing, 13: 5489 - 5507.

LIN X G, ZHANG J X, LIU Z J, et al. , 2011. Semi-automatic extraction of road networks by least squares interlaced template matching in urban areas[J]. International Journal of Remote Sensing, 32(17): 4943 - 4959.

LIU X, JIAO L C, LI L L, et al. , 2021. Deep multi-level fusion network for multi-source image pixel-wise classification[J]. Knowledge-Based Systems, 221(7): 106921.

LÜ Z, JIA Y H, ZHANG Q, et al. , 2017. An adaptive multifeature sparsity-based model for semiautomatic road extraction from high-resolution satellite images in urban areas [J]. IEEE Geoscience and Remote Sensing Letters, 14(8): 1238 - 1242.

MABOUDI M, AMINI J, HAHN M, et al. , 2016. Road network extraction from VHR satellite images using context aware object feature integration and tensor voting[J]. Remote Sensing, 8(8): 637.

MARTÍNEZ SÁNCHEZ J, FERNÁNDEZ RIVERA F, CABALEIRO DOMÍNGUEZ J C, et al. , 2020. Automatic extraction of road points from airborne LiDAR based on bidirectional skewness balancing[J]. Remote Sensing, 12(12): 2025.

MENG X C, YANG G, SHAO F, et al. , 2022. SARF: a simple, adjustable, and robust fusion method[J]. IEEE Geoscience and Remote Sensing Letters, 19: 1 - 5.

MIAO Z L, SHI W Z, SAMAT A, et al. , 2015. Information fusion for urban road extraction from VHR optical satellite images[J]. IEEE Journal of Selected Topics in Applied Earth Observations and Remote Sensing, 9(5): 1817 - 1829.

MIAO Z L, SHI W Z, ZHANG H, et al. , 2013. Road centerline extraction from high-resolution imagery based on shape features and multivariate adaptive regression splines [J]. IEEE Geoscience and Remote Sensing Letters, 10(3): 583 - 587.

MIAO Z L, WANG B, SHI W Z, et al. , 2014. A semi-automatic method for road centerline extraction from VHR images[J]. IEEE Geoscience and Remote Sensing Letters, 11(11): 1856 - 1860.

MNIH V, 2014. Machine learning for aerial image labeling[D]. Ottawa: University of

Toronto.

MOKHTARZADE M, ZOEJ M J V, 2007. Road detection from high-resolution satellite images using artificial neural networks[J]. International Journal of Applied Earth Observation and Geoinformation, 9(1): 32-40.

MOVAGHATI S, MOGHADDAMJOO A, TAVAKOLI A, 2010. Road extraction from satellite images using particle filtering and extended Kalman filtering[J]. IEEE Transactions on Geoscience and Remote Sensing, 48(7): 2807-2817.

NAKAGURO Y, MAKHANOV S S, DAILEY M N, 2011. Numerical experiments with cooperating multiple quadratic snakes for road extraction[J]. International Journal of Geographical Information Science, 25(5): 765-783.

NEGRI M, GAMBA P, LISINI G, et al., 2006. Junction-aware extraction and regularization of urban road networks in high-resolution SAR images [J]. IEEE Transactions on Geoscience and Remote Sensing, 44(10): 2962-2971.

PEYRÉ G, PÉCHAUD M, KERIVEN R, et al., 2010. Geodesic methods in computer vision and graphics[J]. Foundations and Trends © in Computer Graphics and Vision, 5 (3/4): 197-397.

POULLIS C, YOU S, 2010. Delineation and geometric modeling of road networks[J]. ISPRS Journal of Photogrammetry and Remote Sensing, 65(2): 165-181.

POZ A P D, 2012. Object-space road extraction in rural areas using stereoscopic aerial images[J]. IEEE Geoscience and Remote Sensing Letters, 9(4): 654-658.

RAJESWARI M, GURUMURTHY K S, REDDY L P, et al., 2011. Automatic road extraction based on level set, normalized cuts and mean shift methods[J]. International Journal of Computer Science Issues (IJCSI), 8(3): 250.

ROUSSET F, FERDY J B, 2014. Testing environmental and genetic effects in the presence of spatial autocorrelation[J]. Ecography, 37(8): 781-790.

SAEEDIMOGHADDAM M, STEPINSKI T F, 2020. Automatic extraction of road intersection points from USGS historical map series using deep convolutional neural networks[J]. International Journal of Geographical Information Science, 34 (5): 947-968.

SHAO Y Z, GUO B X, HU X Y, et al., 2010. Application of a fast linear feature detector to road extraction from remotely sensed imagery[J]. IEEE Journal of Selected Topics in Applied Earth Observations and Remote Sensing, 4(3): 626-631.

SHI W Z, MIAO Z L, DEBAYLE J, 2014. An integrated method for urban main-road centerline extraction from optical remotely sensed imagery[J]. IEEE Transactions on Geoscience and Remote Sensing, 52(6): 3359-3372.

SHI W Z, ZHU C Q, 2002. The line segment match method for extracting road network from high-resolution satellite images [J]. IEEE Transactions on Geoscience and Remote Sensing, 40(2): 511 – 514.

SHU J G, WANG S H, JIA X L, et al., 2022. Efficient lane-level map building via vehicle-based crowdsourcing [J]. IEEE Transactions on Intelligent Transportation Systems, 23(5):4049 – 4062.

SONG X N, YANG X B, SHAO C B, et al., 2017. Parity symmetrical collaborative representation-based classification for face recognition [J]. International Journal of Machine Learning & Cybernetics, 8(5): 1485 – 1492.

SUTARWALA B Z,2011. GIS for mapping of lane-level data and re-creation in real time for navigation[D]. California:UC Riverside.

TAN Z Y, GAO M L, LI X H, et al., 2021. A flexible reference-insensitive spatiotemporal fusion model for remote sensing images using conditional generative adversarial network[J]. IEEE Transactions on Geoscience and Remote Sensing,60: 1 – 13.

VALERO S, CHANUSSOT J, BENEDIKTSSON J A, et al., 2010. Advanced directional mathematical morphology for the detection of the road network in very high resolution remote sensing images[J]. Pattern Recognition Letters, 31(10): 1120 – 1127.

WANG F, HU L, ZHOU J, et al., 2017. A semantics-based approach to multi-source heterogeneous information fusion in the internet of things[J]. Soft Computing, 21(8): 2005 – 2013.

WANG W X, YANG N, ZHANG Y,et al., 2016. A review of road extraction from remote sensing images[J]. Journal of Traffic and Transportation Engineering (English Edition), 3(3): 271 – 282.

WATZENIG D, HORN M, 2017. Introduction to automated driving[M]. Cham: Springer International Publishing: 3 – 16.

WEI Y, ZHANG K, JI S P, 2020. Simultaneous road surface and centerline extraction from large-scale remote sensing images using CNN-based segmentation and tracing[J]. IEEE Transactions on Geoscience and Remote Sensing, 58(12): 8919 – 8931.

XIA W, ZHANG Y Z, LIU J, et al., 2018. Road extraction from high resolution image with deep convolution network:a case study of GF-2 image[J]. Proceedings, 2(7): 325.

XIANG S M, NIE F P, ZHANG C S, 2008. Learning a Mahalanobis distance metric for data clustering and classification[J]. Pattern Recognition, 41(12): 3600 – 3612.

YANG X F, LI X T, YE Y M,et al., 2019. Road detection and centerline extraction via deep recurrent convolutional neural network U-Net [J]. IEEE Transactions on Geoscience and Remote Sensing, 57(9): 7209 – 7220.

ZHANG L P, HUANG X, HUANG B,et al., 2006. A pixel shape index coupled with spectral information for classification of high spatial resolution remotely sensed imagery [J]. IEEE Transactions on Geoscience and Remote Sensing, 44(10): 2950 – 2961.

ZHANG Q Q, KONG Q L, ZHANG C, et al., 2019. A new road extraction method using sentinel-1 sar images based on the deep fully convolutional neural network[J]. European Journal of Remote Sensing, 52(1): 572 – 582.

ZHENG L, LI B J, ZHANG H J, et al., 2018. A high-definition road-network model for self-driving vehicles[J]. ISPRS International Journal of Geo-Information, 7(11): 417.

ZHENG Y, 2015. Methodologies for cross-domain data fusion: an overview[J]. IEEE Transactions on Big Data, 1(1): 16 – 34.

ZHOU M T, SUI H G, CHEN S X, et al., 2020. BT-RoadNet: a boundary and topologically-aware neural network for road extraction from high-resolution remote sensing imagery[J]. ISPRS Journal of Photogrammetry and Remote Sensing, 168: 288 – 306.